생태 부엌

일러 두기

*1작은술은 5ml, 1큰술은 15ml, 1컵은 200ml입니다.
*이 책에서 제시하는 소독 방법, 가스레인지와 오븐의 불 조절, 온도, 가열 시간 등은 저자 기준이므로 적절히 조절하세요.

생태 부엌

냉장고와
헤어진
어느 부부의
자급자족
라이프

글 · 사진 김미수

PROLOGUE

소박한 삶을 위한 우리 부엌 이야기

2005년, 한국에서 독일로 건너가 결혼할 때만 해도 이렇게 오랜 기간 독일 전역을 떠돌며 살게 될 줄 몰랐다. 남편인 다니엘이 대학을 졸업하면 제3세계 어딘가로 생태 프로젝트를 하러 떠날 생각이었다. 그게 아니면 독일 어딘가에 땅을 구해 대안 생태 농경 프로젝트를 시작하고 그곳에 뿌리를 내리거나.

지난 십여 년을 돌아보면 동에서 서로, 서에서 남으로, 다시 남에서 중앙으로, 독일 전역에 점을 찍어 가며 이사를 다니기도 참 많이 다녔다. 지금은 할레Halle에 텃밭을 일구며 잠시나마 뿌리를 내리고 사는 것에 감사할 따름이다. 이렇게 자리를 잡고 살게 되기까지 우리에게는 많은 역경과 시련이 있었다. 몇 년간 공들여 꾸렸던 에베르스발데Eberswalde 퍼머컬처 프로젝트를 두고 떠나야 했을 때, 이사를 거듭하며 물 위에 부유하는 듯한 삶을 살아야 했을 때, 환경과 생태 분야에서 일하는 사람들의 어두운 이면을 대했을 때…….

그 순간순간을 지나오는 동안 우리 두 사람의 중심에는 늘 생태 부엌이 함께했다. 해를 더해 갈수록 생태적인 삶을 사는 것이 얼마나 중요한가를 실감할 수도 있었다. 특히 기후 변화에 따른 이상 기온 현상이 두드러졌던 때에는 더 그랬다.

실제로 2015년은 변덕스럽고 이상한 기후 탓에 텃밭 작물들이 몸살을 앓았다. 7월 초에는 할레 하이데 노드 지역에 토네이도가 불어닥치고 폭풍우가 휘몰아쳐 십여 미터가 넘는 고목들이 폭삭 쓰러졌다. 일대 교통은 순식간에 마비되었고, 이로 인해 재산 피해를 입은 집들이 속출했다. 그런가 하면 30도를 웃도는 폭염 속에 스위트체리만 한 우박이 시야를 가릴 정도로 쏟아지기도 했다. 그 모습은 성경에 나오는 종말이 떠오를 만큼 기묘하고도 섬뜩했다. 그리고 2016년 8월에는 사막을 방불케 하는 고온과 가뭄으로 가을이 오기도 전에 들풀은 물론이고 나뭇잎이 바싹 메말라 낙엽처럼 우수수 떨어졌다.

이런 이상 현상들이 오롯이 인간 탐욕의 결과인가를 두고 논쟁을 벌이려는 이들이 있을지도 모른다. 그러나 책임 소재나 시시비비를 따지는 것보다 개선을 위한 행동을 하는 것이 더 중요하다. 나도, 우리 가족도, 이웃들도, 이 지구도, 모두 더 건강하고 행복하게 살기 위해서.

그런 의미에서 나는 식생활을 채식(비건)으로 바꿈으로써 생태적인 세상을 위한 첫 발을 내디뎠다. 채식은 일상에 큰 변화를 주지 않고도 눈에 띄는 결과를 볼 수 있었고, 꾸준히 실천하기에도 무리가 없었다. 물론 나에게도 처음부터 쉬운 일은 아니었기에 누구나 나처럼 지속할 수 있다고 말하기는 어렵다. 매번 작심삼일로 끝나고 만다고 좌절하지 말자. 그 짧은 시도도 소중한 것이고, 작심삼일이 평생 반복된다면 그것 또한 생활의 일부가 되는 것이니까.

간혹 혼자서 세상을 위해 무엇을 바꿀 수 있겠냐고 묻는 사람이 있다. 지구 환경이라는 큰 틀에서 봤을 때, 우리 집 부엌에서 냉장고를 몰아내고 식단을 채식으로 구성하는 것은 아주 미미한 변화고 실천일 수 있다. 아니, 변화나 실천이라고 부를 수도 없을 만큼 미세한 움직임일지도 모른다. 그러나 내가 존

경하는 작가 존 로빈스John Robbins는 이렇게 말했다. '새벽을 일깨우는 사람이 되고 싶다고 해서 완벽한 인간이 되려고 애쓸 필요는 없다.' 완벽하지 않은 그 어떤 시도도 그 자체로 충분히 의미가 있다고 생각한다.

당장에 전체를 바꿀 수 없다고 해서 아무것도 하지 않아야 할까?
어차피 별 소용이 없을 테니 모든 것을 묵인하고 침묵하며 살아야 할까?

이렇게 의심하고, 현실과 타협을 하기보다는 개개인의 소소한 행위들이 세상을 변화시키고 새 시대를 이끄는 바탕이 될 거란 걸 믿고 싶다. 천 번이고, 만 번이고 떨어져 내린 작은 물방울들이 큰 바윗덩이에 구멍을 낼 수 있다는 사실을 잊지 말자.

세상에는 온갖 것들이 넘쳐나지만 인간이 이 지구상에서 착취해 사용해 온 에너지와 자원의 양은 어느덧 한계에 다다른 듯싶다. 그래서인지 지구 한쪽에서는 끼니를 거르는 아이들이 있는데, 다른 곳에서는 에코 생태를 판매 전략으로 삼아 값비싼 친환경 유기농 제품이 팔려나간다. 그러나 생태적인 삶, 생태 부엌은 비싼 유기농 전문점에서 장을 보고, 음식을 해 먹는 걸로 끝나는 게 아니다. 작지만 소소한 일상의 변화와 노력, 땀 흘려 직접 길러 먹는 수고를 통해 생태 부엌을 실현하고, 생태적인 삶의 진정한 의미를 깨닫는 것이 더 중요하다. 우리 부부가 지난 십여 년간 소박하게 생태주의를 실천한 것처럼 말이다. 어떻게, 왜, 무엇을 위해 사는지, 스스로의 삶에 대한 결정과 선택의 문제는 있을 수 있겠지만 생태적인 삶을 사는 데 개인의 경제 상황이 문제가 되지는 않는다.

이 책에 담긴 모든 레시피와 영양 정보는 생태 부엌의 완성판이 아니다. 단지 우리 부부가 다양하게 시도하고, 경험한 것들을 바탕으로 자리 잡은 우리 집 밥상이다. 그렇기에 이 책을 읽는 모든 독자들이 내 이야기와 정보를 타산지석 삼아 자신만의 생태 밥상을 찾아 발전시켜 나갈 수 있다면 더할 나위 없이 기쁘겠다.

김미수

CONTENTS

CHAPTER 3 생태적 순환의 삶

CHAPTER 4 생태 밥상의 시작은 샐러드

CHAPTER 7 메인 요리

CHAPTER 8 자연을 담은 빵과 케이크

CHAPTER 1

ecology

생태 부엌의 잉태

지금 이대로 좋을까?
무엇을 위해 어떻게 살아야 할까?

대학에 막 입학했을 무렵, 삶의 근본이 무엇인지 고민하던 중에 노르웨이 언어학자 헬레나 노르베르 호지Helena Norberg-Hodge의 『오래된 미래』를 접했다. 전통을 지키고 살아가던 라다크 사람들의 삶과 정체성이 서구 문명의 유입으로 어떻게 파괴되고 회복되는지 날카로운 시선으로 서술하는데, 특히 '제3세계의 지속 가능한 발전'을 이루어 내는 과정이 상당히 인상적이었다. 또한 미국 시골 마을에서 자급자족하며 생태적인 삶을 살았던 헬렌 니어링과 스코트 니어링Helen Nearing & Scott Nearing 부부의 모습을 그린 『아름다운 삶, 사랑 그리고 마무리』는 내 삶에 내려진 해답과도 같았다. 그들의 모습에 한없이 매료되었고, 자연으로 돌아가 땅에 뿌리를 내리고 사는 모습이 머릿속에 남아 한동안 손에서 책을 내려놓을 수가 없었다.

미수 이야기

그 무엇과도 바꿀 수 없는 내 삶의 소중한 자산인 고향은 지리산 밑에 있는 '예禮'를 구하는 고장 '구례求禮'다. 나는 행정 구역상 뭍에서 세 번째로 작은 그 곳에서 나고 자랐다. 하지만 부모님이 농사와 거리가 먼 분들이라 우리 집은 그 작은 곳의 중심인 읍내에 있었다. 나는 흔히 상상하는 보리밭 사이를 헤치고 풀피리를 부는 시골 생활을 한 게 아니라 아스팔트 시멘트 길 위에서 술래잡기를 하며 뛰놀았다. 당연히 작물의 생태며 농사법에 대해서도 제대로 배운 적이 없다. 다만 섬진강이 코앞이니 소풍이나 한여름 물놀이는 질리도록 다녔다. 철없던 그 시절엔 '또 섬진강이고 지리산이야?'라며 불만을 늘어놓은 적이 많았다. 이제 와 생각해 보면 철마다 살아 있는 자연을 만나고 그 속에 안겨 놀던 경험은 누구나 할 수 있는 것이 아니었다.

도시 생활과 진배없는 어린 시절을 보냈음에도 내가 지금 생태적인 삶을 영위할 수 있는 건 엄마의 공로가 크다. 엄마는 환경을 생각하는 삶을 살았는데, 먹거리 기준이 꽤나 엄격했다. 덕분에 패스트푸드나 가공식품보다 신선한 제철 농산물을 먹고 자랐으며 지금까지도 건강한 식습관을 갖게 되었다. 엄마는 콩나물 한 봉지나 두부 한 모를 살 때도 시골 할머니들이 직접 길러 만든 것을 골랐고, 곡식은 인근에서 농사짓는 친척이나 아는 분께 직접 사 오셨다. 균형 잡힌 식사를 위해 여러 종류의 잡곡을 섞어 밥을 지어 주신 건 말할 것도 없다. 뿐만 아니라 쓰레기 분리수거가 시행되기 한참 전부터 재활용 가능한 물품들의 활용 방안을 찾아 실천했다. 세제는 당시 지역 성당에서 만든 친환경 주방세제와 폐식용유로 만든 빨랫비누를 사다 썼다. 중학교에 입학할 즈음에는 온가족이 '비누로 머리 감고 식초로 헹구는' 엄마식 머리감기를 따라했던 기억이 난다.

어릴 때는 그런 엄마의 생활 방식에 큰 의미를 두지 않았다. 하지만 은연중

어린 시절의 다니엘(좌), 어린 시절의 미수(우)

에 엄마의 모습이 내 안에서 조금씩 자리를 잡아 왔고, 자연스레 생활 속 환경 문제에도 관심을 두게 되었다.

다니엘 이야기

시아버지는 폴란드 영토가 된 옛 독일의 오스트프로이센 출신으로 독일로 이주해 오기 전까지 농기계를 소유한 청년 농부였다. 시아버님은 가족이 먹을 채소는 텃밭에 직접 기르셨고, 다니엘과 그의 형제들은 어릴 때부터 울며 겨자 먹기로 텃밭에 나가 일손을 도와야 했다. 그러나 다니엘의 형제들은 철이 들면서부터 텃밭에 발길을 끊었다. 다니엘도 한동안은 텃밭을 등한시했으나 독립적인 삶을 사는 데 자급자족의 중요성을 터득한 뒤로는 텃밭 지킴이를 자청했다. 다니엘은 지금도 '어린 시절 밭에서 막 따 콩깍지를 벗겨 맛본 완두콩은 진정으로 맛있다는 게 무엇인지, 텃밭에서 직접 길러 수확해 먹는다는 것이 어떤 의미인지를 알게 해 준 소중한 경험'이라고 말하곤 한다.

다니엘은 고등학교에 진학한 후에도 유기농과 텃밭 농사 등에 관한 책을 찾아 읽고, 자전거를 타고 인근 자연을 탐방하면서 단순히 유기적으로 농사짓기 이상의 뭔가가 필요하다는 것을 깨달았다. 그는 텃밭에 집중적으로 자연 멀칭을 하는 등의 여러 대안을 시도해 보고 경험을 쌓고 싶었다. 하지만 당시에는 텃밭 농사를 하는 데에도 밭을 갈거나 잡초를 뽑고, 농약과 화학 비료를 주는 것을 당연하게 여겼다. 뿐만 아니라 생태적인 대안들이 오랫동안 전해 내려왔음에도 검증되지 않은 방법으로 여겨졌다. 결국 새로운 시도에 대한 확신이 없던 부모님의 반대로 다니엘의 노력과 시도는 빛을 보지 못했고, 자신감도 잃어 의기소침한 시간을 보내야 했다.

그러던 중 다니엘이 부모님을 설득하고 인정받을 수 있는 사건이 벌어졌다. 녹색당에서 주최한 '키 큰 해바라기 대회'에서 다니엘이 우승을 차지한 것이다. 정확히 말하자면 씨앗 보전 단체에서 구입한 유기농 씨앗에 들풀로 만든 액비를 주어 키운 다니엘의 해바라기가 우승을 했다. 다니엘이 키운 해바라기는 키가 4m를 넘어 동생과 앞뒤로 들고 대회에 나가야 할 정도였다. 우승 상금을 손에 넣은 다니엘은 지역 신문에 '해바라기 소년'이라고 소개됐다.

다니엘의 생태적인 삶에는 크고 작은 좌절이 있었고, 자신감을 잃고 헤매는 어려운 시기도 있었다. 그러나 그 지난한 시간을 겪어 오면서 자신의 의지를 꺾지 않고 스스로 공부하고 인생의 방향을 잡아 정진했으며 삶의 목표를 바로 세웠다. 무엇보다 놀라운 점은 이 모든 것이 고등학교 시절에 이뤄졌다는 것이다.

우리가 함께하기까지

내가 다니엘을 만난 건 삶의 가치를 찾아 헤매던 2001년 어느 여름, 독일에서 열린 국제 워크 캠프에서였다.

햇살이 좋던 어느 날, 숙소 건물 앞 나무벤치에 앉아 캠프 친구들과 수다를 떨고 있었다. 햇빛이었는지, 금빛 머리칼에 비친 반사광이었는지, 환한 후광을 내뿜으며 키가 훌쩍 큰 남자가 등 뒤에 커다란 가방을 메고 걸어 들어왔다. 마치 영화의 한 장면처럼 반짝거려 눈을 떼지 못했고, 그 사람이 사라질 때까지 뒷모습을 바라보았다. 반짝반짝 빛나던 그 사람, 바로 지금 내 곁에서 인생을 함께 나누고 있는 남편 다니엘이다.

다니엘은 대학 입학을 앞두고 우리 숙소 바로 위층에 사무실을 둔 퍼머컬처 숲 텃밭 프로젝트에 인턴십으로 참가하고 있었다. 우리는 나중에 다니엘이 워크 캠프 스터디의 '지속 가능한 농경 프로젝트' 투어 가이드를 맡게 되면서 다시 만나게 되었다.

운명이었을까?

나는 알 수 없는 이끌림으로 마주칠 때마다 그에게 말을 걸었고, 이야기를 나눌수록 그 내면의 깊이에 감탄을 금치 못했다. 그에 대해 더 알고 싶은 마음이 생기고, 그에게 점점 더 깊이 빠져들었다. 나보다 나이도 어린 그가 생태적, 윤리적인 이유로 몇 년째 채식을 하고 있다는 얘기에는 신선한 충격을 받았다.

이 사람과 함께라면 내가 꿈꾸는 삶이 현실로 구현되지 않을까?

다니엘을 만나는 횟수가 늘어날수록 나는 내 삶에 대한 새로운 희망이 보였다. 남들처럼 대학을 졸업하고 직장에 다니며 결혼하고 가정을 꾸리는 게 아니라 소박하지만 생태적인 삶, 사회적으로도 의미 있는 삶, 니어링 부부처럼 '땅에 뿌리를 내린 삶'이 현실로 다가올 수 있을 거란 기대로 들떴다. 그리고 지금, 내 삶의 끝자락까지 함께할 삶의 조언자이자 인생의 동반자로서 다니엘은 언제나 같은 자리에 있다.

생태 센터 이야기

제2의 인생을 열어 준 외코 첸트룸(생태 센터)

『브레멘의 음악대』의 배경이 된 독일 북부 도시 브레멘에서 기차로 30분 정도 떨어진 페르덴Verden aller에는 외코 첸트룸Öko Zentrum이 있다. 이 단체는 1996년 페르덴을 독일 북부 지역의 생태 중심 도시로 만들고자 했던 학생과 활동가 등 다양한 이들이 모여 설립했다. 그러다가 일 년 후인 1997년에는 생태 센터와 공동 주거 주택 협동조합 알러보너가 사유 재산, 기부금, 저금리 대출, 후원금 등을 통해 모은 자본금으로 예전 군부대 슈퍼마켓 건물과 부지를 사들였다.

이후 수년에 걸쳐 단체 회원들과 활동가들이 벽돌과 시멘트로 지어진 백 년 넘은 건물을 목재와 진흙 같은 생태적인 전통 재료를 이용해 수리했다. 또한 햇빛 발전판과 태양열 온수기, 생태 하수 처리장 등 현대적인 자원 절약 및 이용 기술을 설치해 환경 생태적인 건물로 완성시켰다. 내가 이곳을 방문했던 2001년 여름에는 생태적인 공동 주거를 하는 주택 협동조합 알러보너AllerWohnen e.G.와 생태 건축 가게 비버Biber GmbH, 건물 내부 등의 유해 물질을 분석하고 관련 상담을 제공하는 인간과 자연을 위한 연구소인 이메나imena, Institutfü Mensch und Natur와 무분별한 세계화를 비판하는 비정부 기구 아탁Attac, 페르덴의 퍼머컬처 숲 텃밭 알멘데 협회Allmende e.V.를 비롯하여 핵 발전 반대 연합 등 다양한 단체와 회사들이 뜻을 같이 해 건물을 나눠 썼다.

이들은 생태와 환경에 대한 세계 청년들의 인식을 높이기 위해 여름마다 청년들을 위한 캠프를 연다. 나를 포함한 멕시코, 스페인, 프랑스, 러시아 등 세계 각국에서 모인 청년들은 낮에는 인근에 위치한 조그만 생태 공동체와 생태 유치원의 건물을 보수했다. 밤에는 외코 첸트룸을 비롯한 각 단체 활동가들에게 그들의 활동과 철학에 대한 이야기를 들을 수 있었다. 내가 참여할 당시에는 아탁과 핵 발전 반대 연합의 활동 내용을 듣고, 알멘데 협회의 숲 텃밭 프로젝트를 견학했다.

숲 텃밭 프로젝트를 소개하고 있는 다니엘

숲 텃밭에서 일하는 다니엘

알멘데 협회에서 슈퍼마켓 환풍기를 이용해 설치한 식품 건조대에 사과를 넣고 있는 다니엘

아탁

'세계화는 다를 수 있다. 이윤에 앞서 사람과 자연을!'이라는 슬로건을 앞세운 아탁은 신자유주의 논리에 반대해 시민들이 비판적 시각을 기를 수 있도록 다양한 교육 및 사회 활동을 펼친다. 페르덴에서 단체를 창립해 활동하다가 규모가 점점 커지자 본부를 프랑크푸르트 암 마인Frankfurt am Main으로 옮겼다. 창립 멤버로 활발히 활동해 온 스벤 기골트Sven Giegold 씨는 지금은 유럽 의회에서 자신의 소신을 펼치고 있다.

알멘데 협회

페르덴 시는 1998년도부터 생태 센터에서 자전거로 30분쯤 떨어진 곳에서 관행농으로 곡식을 경작하던 부지(약 7ha)를 알멘데 협회에 무상으로 빌려 주고 있다. 이곳은 퍼머컬처 원칙과 철학에 따라 1990년대 말부터 지금까지 어떠한 동물의 도움도 받지 않고, 동물성 재료를 전혀 사용하지 않는다. 오로지 비건을 위한 생태 대안 농경 방법으로 논밭을 경작한다. 이는 독일 내 가장 오래된 숲 텃밭 프로젝트 중 하나로 손꼽히고 있어, 생태 프로젝트에 관심이 있거나 실현하고 있는 사람들에게는 꼭 방문해야 하는 곳으로 자리 잡았다.

사단법인 비버

생태 센터 창립 때부터 지금까지 같은 자리를 지키며 센터 내 터줏대감 노릇을 톡톡히 하고 있는 비버. 이곳은 생태 건축 자재 회사로 생태 건축 재료를 판매하고, 생태적인 인테리어에 관한 상담을 제공한다. 최근에는 생태 건축 자재 유통 관련 자회사를 설립하여 독일 내 유일무이한 생태 건축 전문 회사로 성장했다.

생태 센터 내 알러보너 협동조합 주택에 사는
꼬마 친구들과 즐거운 한때

생태 센터 워크 캠프 참가자들이
직접 차려 함께 나눈 저녁 식사

CHAPTER 2

kitchen

생태 부엌 만들기

자연에 뿌리를 둔 생태적인 삶이 시작되다

비교적 유복한 집안에서 태어난 나는 어릴 때부터 부족함을 모르고 자랐다. 그랬기에 한국과 독일을 오가는 장거리 연애 끝에 에베르스발데에서 시작한 신혼살림은 불편함을 넘어 전혀 다른 차원의 것이었다. 우리는 '헌 물건이 새 물건을 사서 쓰는 것보다 에너지와 자원 이용 면에서 더 생태적'이라고 생각했다. 그래서 노트북과 카메라 같은 작업기기는 물론이고 한 칸짜리 미니냉장고, 전화기, 세탁기, 물 끓이는 전기포트 등을 친척이나 지인 들에게 물려받거나 중고로 구입했다. 지금 생각해도 참 소박한 살림살이다. 그럼에도 다니엘과 함께 자연에 뿌리를 둔 생활이 시작된다는 기대로 마냥 들뜨고 행복했다. 지나고 보니 역경도 고난도 다 좋았더라는 식의 미화가 아니라 진정으로 말이다.

생태 부엌의 비밀은 저에너지

우리 집은 '도깨비 방망이'라 불리는 핸드블렌더와 물을 끓이는 데 쓰는 전기포트, 오래된 빵을 데우는 미니오븐 등 간단한 주방기기만 사용한다. 그나마도 대부분 친척들에게 물려받았고, 직접 구입한 건 몇 가지 안 된다.

이런 주방기기들을 버젓이 두고 굳이 냉장고와 전기밥솥 없애기에 연연한 건 높은 에너지 소비량 때문이다. 필요할 때만 잠깐씩 사용하는 다른 주방기기들과 달리 냉장고와 전기밥솥은 온도 유지를 위해 지속적인 에너지 공급을 필요로 하니 우리 집에서 없애는 건 어쩌면 당연한 결과였다.

그런데 할레로 온 2010년 이후 생태적으로 살고자 하는 우리 부부의 삶에 적신호가 켜졌다. 전기 사용량이 급증한 것이다. 예전 집보다 평수가 넓어진 걸 감안하더라도 과했다. 물론 우리 집 연평균 전기 소비량은 1700kWh정도로 2013년 독일 2인 가구 연간 평균 전기 소비량인 3200kWh(한국은 3744kWh)에 비해 훨씬 못 미치는 수치다. 하지만 에베르스발데에서 살던 시절에 연간 소비량이 200~300kWh였던 것에 비하면 전기 소비량이 현격한 상승 곡선을 그렸다.

그 원인을 찾고자 전기를 사용하는 곳들을 둘러보니 주범은 부엌에 있었다. 특히 이사 오기 전부터 갖춰져 있던 부엌의 전기레인지가 전기 소비량을 부추기고 있었다. 직접 연료를 태워 조리하는 나무오븐과 달리 전기레인지는 에너지 효율이 좋지 않았고, 직접 써 보니 에너지 소비량도 만만치 않았다.

게다가 할레에 온 후 일구기 시작한 텃밭 덕에 겨울에 먹을 채소 병조림과 과일 병조림을 예년에 비해 많이 만들었다. 집 주변 들판과 텃밭에서 수확한 배와 각종 딸기류로 과일주스를 100병도 넘게 만들어 겨우내 마셨고, 지인들에게 선물도 많이 했으니 부엌에서 사용한 에너지양이 많아진 건 당연한 일이었다.

냉장고 없이 살아가기

독일에서 산 지 얼마 지나지 않아 다니엘이 대뜸 냉장고 없이 살아 보자고 제안했다. 그 말을 듣고 처음에는 말도 안 된다며 펄쩍 뛰었다. 냉장고를 부엌의 대표 기기쯤으로 여기던 나는 당장 원시적이고 고달픈 주방 생활이 펼쳐질 것만 같아 두려웠다. 지금은 사용도에 비해 에너지 효율성이 한참 떨어지는 냉장고가 뭐 그리 필요한가 싶다. 안 써 버릇하니 이젠 냉장고가 그렇게 중요한 물건이었나 싶기도 하다. 이제야 하는 이야기지만 그 당시 집에 있던 미니냉장고는 무용지물이나 다름없었다. 에베르스발데를 떠나 다른 도시로 이사 가기 전까지 3년간 실제로 냉장고를 사용했던 건 우리 부부의 결혼식 참석차 한국에서 가족들이 방문했던 일주일뿐이었다. 그렇지만 심리적으로 냉장고가 있고 없고의 차이가 꽤 컸다.

"보통 가정에서 쓰는 몇 백 리터나 되는 큰 냉장고도 아니잖아. 요새 한국에서는 문 두 개짜리 냉장고에 김치 냉장고도 따로 써. 부엌이 없는 자취방에서나 쓸 법한 이 미니냉장고가 전기를 먹으면 얼마나 먹는다고그래. 내가 자취할 때 쓰던 냉장고도 이보단 더 컸어. 게다가 우린 대체 에너지 단체* 에서 전기를 공급받고 있잖아……."

---

*독일은 소비자가 전력 공급자를 선택할 수 있는데 우리는 프라이부르크Freiburg 시의 에베에스EWS: ElektrizitätswerkeSchönau에서 전력을 공급받는다. 에베에스는 체르노빌 방사능 유출 사고 이후 1986년에 핵 없는 미래를 만들기 위해 프라이부르크의 시민과 활동가들이 함께 세운 단체로 독일 거대 에너지 기업들과 달리 100퍼센트 친환경 재생 에너지를 공급한다. 에베에스에서는 '전기를 적게 쓸수록 좋다'며 전력 소비 절감을 촉구하는 공문을 보내온다. 전기세는 저렴한 기본요금에 전력 소비량 증가에 따라 단가가 높아지는 요금으로 구성하여 전기를 많이 쓸수록 전기세가 급격히 증가한다.

나는 다니엘과 합의하에 냉장고 없이 살아 보기로 해 놓고도 이렇게 심심치 않게 냉장고 부재의 불안함을 토로했다. 마음 한구석에서는 여전히 부엌 문명을 선망했다. 그래서 언젠가 요긴하게 쓸 날이 올지 모른다는 생각에 별 쓰임새도 없는 것을 몇 년간 고이 모셔 두었다.

그면서도 신기하게 나는 냉장고 없이 사는 생활에 서서히 적응해 나갔다. 언제부터인지 냉장고는 있으나 마나 한 '자리만 차지하는 천덕꾸러기'로 전락했다. 결국 이사를 핑계로 냉장고를 다른 사람에게 넘기면서 우리 부엌에서 냉장고를 완전히 몰아냈다.

켈러

독일의 일반 주택에는 켈러Keller라고 부르는 지하 혹은 반지하의 저장 공간이 존재한다. 사람들은 이곳을 다용도실이나 창고로 많이 쓰는데 잡동사니를 보관하고 잼이나 피클 같은 병조림 식품과 감자, 양파 등의 저장 채소를 두기도 한다.

한국의 '광' 또는 '고방'을 연상케 하는 켈러는 냉장고 없이 살아가는 우리에게 냉장 공간으로 활용되고 있다. 남들이 냉장고 문을 열 듯 우리는 켈러로 내려가 식재료를 가져오는 것에 익숙해졌고, 이제 켈러는 우리 삶에서 절대 떼어 놓을 수 없는 생활의 일부가 되었다.

다니엘과 함께 둥지를 틀고 냉장고 없이 사는 생활을 처음 시도했던 에베르스발데 이후, 우리는 서너 번 더 이사를 했다. 그리고 집을 새로 구할 때마다 식품 보관에 적합한 '서늘하고 깨끗한 켈러가 달려 있는지'를 최우선으로 고려했다.

지금 우리 집 켈러는 두 평이 조금 넘는 길쭉한 공간이다. 켈러 벽면 한쪽에는 철제 선반 서너 개를 놓고 마주 보는 다른 쪽에는 마트나 길에 버려진 납작한 나무상자를 층층이 쌓아 공간을 체계적으로 나눠 쓰고 있다. 켈러 선반에는 유리병에 담은 김치, 장, 야생초나 허브로 만든 효소 같은 발효식품부터 과일, 채소, 스프레드, 과일주스 병조림과 와인을 비롯한 음료, 밀봉한 건조식품 등이 쌓여 있다. 나무상자 안에는 상점에서 구입한 유기농 채소(감자, 양파, 당근 등)와 텃밭에서 수확한 껍질이 단단한 주키니 호박과 단호박, 가을걷이를 한 야콘과 돼지감자 등의 뿌리채소, 가을에 우리 집과 집 주위에 늘어선 나무에서 직접 따 보관한 사과와 서양배, 주워서 말려 둔 호두와 개암(헤이즐넛) 같은 견과류가 잔뜩 들어 있다.

독일은 지리적으로 한국보다 위도가 높다. 또한 여름 내내 무더위가 지속되는 한국과 달리 고온 건조한 날씨가 이어지다가 갑자기 기온이 뚝 떨어지기도 한다. 변덕스러운 독일 날씨는 냉장고 없는 저에너지 생태 부엌을 실현하는 데 큰 도움이 된다. 그렇다고 해도 독일에서 냉장고 없이 사는 게 일반적인 건 결코 아니다. 한국처럼 초대형 냉장고를 들여놓지는 않아도 냉장고에 냉동고를 따로 갖추고 사는 가정이 훨씬 많다.

최근에는 기후 변화에 따른 이상 기온으로 독일도 한국의 한여름에 견줄 만한 35℃ 이상의 땡볕 더위가 심심치 않게 찾아든다. 켈러가 아무리 시원하다고 한들 외부에 비해 15~20℃정도 온도가 낮다는 것이지 전력을 사용하는 냉장고처럼 연중 내내 0~5℃사이의 저온을 유지하는 건 아니다. 그래서 내 나름대로 냉장고 없이 요리할 수 있도록 채소에서부터 남은 밥과 국을 상하지 않게 생태적으로 보관하는 방법을 찾아냈다.

건조

예전에는 겨울을 날 요량으로 제철 채소를 두루 말려 뒀다. 그런데 말린 채소는 특유의 향미가 생겨 생채소 대용으로 매끼 먹기에 무리가 있었다. 할레로 이사 와 텃밭 딸린 집에 살면서는 가을걷이를 한 채소와 병조림한 채소, 겨울 텃밭 채소가 충분하여 따로 말려 두지 않는다. 물론 겨울을 앞두고 대거 수확하고도 남아 서리 맞은 깻잎은 잘 말렸다 묵나물을 하지만, 요즘에는 양념이나 차로 우려 마실 허브와 콩류만 수확해 말려 둔다.

허브 말리기

봄과 가을 허브 잎이 여릴 때, 볕이 좋고 건조한 날에 허브를 줄기째로 잘라 다발을 만들어 그늘지고 바람이 잘 통하는 곳에서 말린다. 차 우림용 허브는 줄기째 잘라 두고, 양념용 허브는 잎만 분리해 둔다.
양념용은 잎만 따서 병에 담아 두고 필요한 만큼 꺼내 손으로 비벼 가루를 내 사용한다. 또 말린 허브 몇 가지를 섞어서 잘게 부순 뒤에 이탈리안 허브믹스나 샐러드용 허브믹스를 만들기도 하고, 바다소금과 섞어 허브소금을 만들어 둔다.

채소 말리기

샐러리, 당근, 우엉, 연근 같은 뿌리채소와 각종 버섯을 말려 국물을 내면 음식의 맛이 깊어진다. 뿌리채소는 얇게 썰거나 라면 건더기 스프에 들어 있는 건채소 정도의 크기로 아주 작게 썰어 말리는 게 좋다. 버섯은 표고버섯이나 양송이버섯처럼 조직이 치밀한 종류는 얇게 썰고, 느타리버섯처럼 결이 있는 버섯은 결대로 얇게 찢어 말린다. 뿌리채소와 버섯은 잘게 썰어 채반이나 건조망에 넣어 볕에 잘 말려 두면 미리 불리지 않고 바로 쓸 수 있다. 조리하기 전 물에 살짝 헹궈 달군 냄비에 생채소와 함께 기름을 둘러 잠깐 볶다가 물을 붓고 끓이면 국물의 풍미가 한층 더 좋아진다.

토마토 말리기

토마토는 서양 요리에 자주 이용하는 채소인데, 말려서 양념해 두면 요리가 훨씬 수월해진다. 토마토는 꼭지를 따서 대여섯 조각으로 잘라 채반에 놓고 볕에 바짝 말린다. 독일은 한국만큼 태양광이 강렬하지 않아 자연 건조가 쉽지 않지만, 한국의 여름 땡볕이라면 자연 건조하는 데 무리가 없을 것이다. 말린 토마토는 그대로 사용하기도 하고, 병조림하여 스파게티나 리소토 등에 사용한다.

병조림

병조림의 대명사라 불릴 만한 과일잼이나 과일무스 외에도 저렴한 제철 채소를 사서 병조림해 두면 종류에 따라 일 년 넘게 먹을 수 있다. 병조림을 해 두면 연간 식료품 구매 비용이 절감될 뿐더러 제철이 아닌 채소들도 생태적인 양심에 거리낌 없이 원할 때마다 먹을 수 있다. 또한 식사를 준비할 때 병조림을 해 둔 채소 한두 가지를 활용하면 끼니마다 필요한 재료를 일일이 손질하거나 익히는 데 시간을 들일 필요가 없어 요리가 한결 수월해진다. 무더운 여름 날 나는 켈러에서 몇 가지 채소 병조림을 가져와 간편하게 한 끼를 해결한다.

전기 먹는 화마火魔 없애기

우리 집은 스파게티 같은 이탈리아 요리나 감자에 채소를 곁들여 먹는 독일 요리, 밥과 국, 반찬으로 이루어진 한식을 번갈아 차리기 때문에 매 끼니 쌀밥을 먹지 않는다. 하지만 가끔 잡곡밥 같은 곡물을 조리할 때는 미리 두 끼 분량의 밥을 짓는다. 이렇게 지은 밥은 갓 지어 뜨거울 때 한 끼 분량씩 유리병에 담아 밀봉하여 서늘한 곳에 두면 가을이나 겨울에는 사나흘, 한여름에도 이틀 정도는 상할 염려가 없다. 그리고 필요할 때마다 밥을 담은 병조림에 물 두세 큰술을 더해 작은 냄비에 데우면 며칠씩 전기밥솥에 넣어 둔 밥보다 훨씬 맛있게 먹을 수 있다.

식사 준비를 할 때마다 모든 음식을 새로 하는 건 여간 귀찮은 일이 아니다. 더욱이 전기밥솥이나 냉장고 없이 식사 준비를 해야 하는데 나로서는 음식을 넉넉하게 만들어 병에 담아 밀봉하는 것만으로도 식사 준비가 훨씬 간편해진다. 뜨겁게 조리한 음식이라면 대체로 병조림을 할 수 있다. 그러니 집에서 즐겨 해 먹는 반찬이나 요리가 있다면 병조림을 시도해 보는 건 어떨까? 단 잡균을 없애기 위해 병을 미리 소독하고, 병에 담을 때에는 되도록 공기층이 안 생기게 꽉 눌러 담는 것이 포인트다.
음식에 따라 얼마나 보관이 가능한지 미리 시험해 보는 것도 중요하다. 집에서 자주 해 먹는 요리들의 병조림 요령을 터득해 정리하면 저에너지 생태 부엌이 저절로 실현될 것이다.

음식 저장의 일등 공신

한국에서 몸에 좋다고 많이 해 먹는 배즙이나 도라지즙 같은 건강즙은 달여서 뜨거울 때 플라스틱 비닐용기에 담아 밀봉한다. 하지만 환경 호르몬 문제를 생각했을 때, 그렇게 저장해 먹는 것들이 건강에 좋을까?
우리 집에서는 철마다 각종 과일주스를 만들어 크고 작은 유리병에 넣어 두고 먹는다. 과일주스는 물론이고, 식혜나 수정과 같은 전통 음료도 뜨거울 때 유리병에 밀봉해 두면 굳이 냉장 보관을 하지 않아도 시중에서 판매하는 음료처럼 마실 수 있다. 토마토소스나 빵에 발라 먹는 처트니와 스프레드 등도 한 번에 많이 만들어 병조림해 둔다. 또 장기 보관을 해야 할 때에는 조리 직후 아주 뜨거울 때 병에 담아 한 번 더 중탕하는 게 좋다.

중탕하는 법:

1 중탕할 냄비 바닥에 면포나 스테인리스로 된 낮은 소쿠리를 깐다.(유리병이 냄비 바닥에 직접 닿아 깨지는 것을 방지한다.)

2 내용물을 채운 유리병을 냄비에 넣고 내용물과 비슷한 온도의 물을 병목까지 붓는다.

3 처음에는 중간 불에서 끓이다가 물이 끓어오르면 약한 불로 바꿔 병조림 내용물*에 따라 시간을 조절하며 중탕한다.
4 바람이 잘 통하는 시원한 곳에서 유리병을 식힌 후 서늘하고 그늘진 곳에 보관한다.

병조림 vs 한겨울 신선 채소

혹시 신선한 채소가 아닌 병조림 채소 섭취를 두고 영양 면에서 괜찮을지 염려한다면 이렇게 반문하고 싶다.
"한겨울에 외부와 차단된 비닐하우스에서 인공조명과 난방으로 키운 애호박이니 풋고추, 상추 등 제철이 아닌 채소들은 얼마나 영양이 풍부할까?"
실제로 한겨울에 온실에서 인공조명을 쬐어 가며 자라는 작물들은 제철에 자연광으로 자란 작물들에 비해 영양 가치가 현저히 떨어진다. 2013년 독일연방위해평가연구원BfR 발표 자료에 따르면 겨울철 온실 재배 채소는 일반적으로 제철 채소에 비해 질산염 농도가 높았다. 물론 질산염 자체는 인체에 무해하지만, 세균에 의해 식품 자체 혹은 체내 소화 과정 중 아질산염으로 변환되

***병조림 내용물에 따른 중탕 시간**

병조림 재료	중탕 시간 (익히지 않은 재료)	중탕 시간 (익힌 재료)
과일	20분 내외	15분 내외
소금물을 부은 채소와 버섯	40분~60분씩 2번 끓임	20분 내외
식초물을 넣은 채소와 버섯	30분	

중탕 시간은 찬물을 붓고 물을 끓이는 시간을 계산한 것으로 각 가정의 열 도구(가스레인지 혹은 전기레인지)의 화력을 고려하여 조정한다. 단 물이 끓어오르면 펄펄 끓지 않도록 중간 불로 줄이고, 표에 적힌 시간의 절반 정도만 더 끓이면 완성된다.

어 건강에 문제가 생길 수 있다. 또 아질산염은 인체에서 아민과 반응해 니트로사민과 같은 나이트로소화합물로 전환될 수 있는데, 동물 실험을 통해 이런 화합물 대부분이 암을 유발하는 것으로 밝혀졌다고 한다. 몇 년 전 독일에서는 루꼴라의 질산염 함유량이 허용 기준치를 훌쩍 넘어 논란이 된 적도 있다. 그러니 한겨울에 사 먹는 온실 채소가 추운 겨울 몸에 생기를 불어넣는 '건강한' 식품인지는 다시 생각해 볼 문제다.

텃밭은 자연이 준 냉장고

켈러가 식료품을 저장하는 에너지 대안 냉장고라면 텃밭은 신선한 식재료를 공급해 주는 '생태 냉장고'다. 텃밭에서는 뜨거운 한여름이나 서리 내린 늦가을에도 언제든지 최상의 식재료를 얻을 수 있다. 뿐만 아니라 이상적인 생태부엌의 실현과 정신적으로 건강한 삶을 영위하기 위해 없어서는 안 될 중요한 요소이다.

'자연의 모습 그대로 자연스럽게 살자'는 우리 부부 삶의 모토에 따라 텃밭도 자연의 법칙에 따라 일구기를 지향한다. 가능한 밭을 갈고 제초하는 등의 경작을 최소로 하고, 땅이 헐벗지 않도록 자연 멀칭을 한다. 겨울철에도 겨울작물, 여러해살이 작물, 녹비작물을 재배해 땅속 미생물들의 활동을 도와 땅이 살아 숨 쉴 수 있게 도와준다. 텃밭 생태계를 최적화하여 작물이 자연과 어우러져 자라도록 한다. 그래서인지 우리 집 텃밭에는 야생초와 작물, 꽃과 곤충이 한데 어우러져 조화를 이룬다.

다니엘의 최대 관심사는 생태적으로 땅을 이용하는 것이다. 그는 고등학교 때부터 공부해 온 것을 바탕으로 대학에서도 '땅의 이용과 자연보호'를 전공했다. 학문적으로 탐구하고 실험실에서 과학적인 방법으로 연구하며 실험 재배지와 우리 집 텃밭에서 다양한 시도와 실천을 거듭한 다니엘.(그는 지속 가능한 생태 농경과 토질 향상을 위한 연구를 하며 박사 과정을 밟고 있다.) 나는 다니엘 곁에서 어깨너머로 보고 배운 것을 바탕으로 점점 더 생태적인 텃밭 농사에 대해 눈을 뜨게 되었다.

우리 부부가 생태 농사법을 정립하는 데 가장 큰 영향을 미친 철학은 퍼머컬처Perma Culture, 숲 텃밭, 완전한 자연 멀칭Mulching, 자연농, 테라 프레타Terra Preta 등이다. 이들 대부분의 공통점은 '땅을 갈지 않고 자연을 스승 삼아 평화와 무위의 농사를 짓는 것'이다. 이들 철학에 감동받은 우리는 그 지속 가능한 실용적인 방법들에 확신을 갖고 텃밭 농사를 짓고 있다.

사실 우리는 '농사를 짓고 텃밭을 일군다'는 말이 무색할 만큼 텃밭을 있는 그대로 방치해 둔다. 단지 봄과 가을에 씨를 뿌리고, 화분에 미리 키워 둔 모종을 옮겨 심는다. 가물면 저장해 둔 빗물과 모아 둔 생활하수를 텃밭에 뿌려 주고, 웃자란 야생초나 녹비로 뿌린 식물을 베어 주고, 쓰러진 식물에 긴 지지대를 세워 주는 게 우리가 하는 농사일의 대부분이다. 또 욕실에 설치한 실내 퇴비 화장실과 부엌에서 모은 생활 산물(화장실과 부엌에서 나오는 생분해성 찌꺼기)들을 열분해오븐에서 만들어진 숯알갱이와 섞어 일 년에 서너 번 퇴비로 만들어 밭에 되돌려 주고 있다.

텃밭 일구기는 생태적인 삶, 생태 부엌을 지향하는 이들에게 꽤 중요한 경험이 된다. 만일 작게라도 텃밭을 만들 여유가 있다면 먹거리를 직접 일구어 보기 바란다. 하지만 도저히 따로 땅을 빌려 텃밭을 가꾸기가 불가능하다면 화분 텃밭이라도 가꿔 보는 건 어떨까? 옥상이나 집 앞 혹은 베란다나 창가 한 구석에 큰 화분을 두고 부추나 타임처럼 손이 덜 가는 여러해살이 작물들을 길러 보는 걸로 시작해도 좋다. 굳이 많은 시간과 정성을 들이지 않아도 된다. 특히 대도시에서 자연과 분리된 삶을 사는 이라면 이를 통해 자연과의 연

실내 퇴비 화장실을 텃밭에 옮겨 방문객에게 설명하는 다니엘

결점을 다시 찾고, 땅에 뿌리 내리는 삶을 시작할 수 있을 것이다.

자, 그렇다면 우리 텃밭 농사의 바탕이 되어 준 지속 가능한 생태 농사들의 핵심 철학을 소개한다. 이들 철학과 가르침을 밑거름으로 흙에서 나서 다시 흙으로 돌아가는 자연에 뿌리를 둔 '생태적인 순환 시스템'을 실현시켜 나가기를 바라본다.

퍼머컬처

퍼머컬처란 생태적이고 대안적인 땅 이용과 삶의 방식이다. 초창기에는 지속 가능하고 영구적인 농업Permanent Agriculture의 줄임말로 보았으나, 최근에는 지속 가능하고 생태적이며 영구적인 문화Permanent Culture라고 한다.

퍼머컬처는 '땅과 인간을 생각하고, 성장과 소비에 한계를 두고 공정하게 나눠 공유한다'는 윤리적 원칙과 '자연 생태계의 발달 및 유지를 관찰한다'는 기본 철학을 바탕으로 한다. 따라서 텃밭에 여러해살이 작물과 자가 파종 작물을 주로 심어 인간의 손길을 최소화하고 텃밭 생태계가 스스로 성장, 발전하는 시스템을 지향한다. 이 외에도 생태적으로 지속 가능한 삶과 텃밭 농사를 위해 눈여겨보면 좋은 '퍼머컬처 12가지 원칙'이 있다.

1 텃밭을 일구기 전에 환경을 관찰하고 계획을 세워라.
2 에너지를 모으고 저장하라.
3 건강하고 영양 가득한 먹거리 수확을 염두에 두고 시스템을 디자인하라.
4 생물의 다양성을 이용한 텃밭 생태계에 자율 순환 시스템을 적용하여 자연이 보이는 반응을 받아들여라.
5 재생 가능한 자원과 서비스를 사용하고 가치 있게 여겨라.
6 쓰레기를 만들어 내지 마라.
7 큰 틀을 잡고 세부적인 것을 디자인하라.
8 잡초를 작물의 경쟁자로 구분 짓기보다 상호 협력하여 텃밭 생태계로 통합하라.
9 작고 느린 해결법을 사용하라.
10 자연 속 생물의 다양성을 이용하고 가치 있게 여겨라.
11 강가와 같은 경계 지역을 이용하고 가치 있게 여겨라.
12 창의적으로 이용하고 변화에 민감하게 반응하라.

퍼머컬처는 생태적으로 땅을 이용하는 옛 방식을 현대에 맞게 재해석한 것이다. 그러므로 옛 사람들이 하던 것처럼 꼼꼼하게 자연을 관찰하고, 자연 생태 시스템의 다양한 패턴과 관계성을 현대 농경에 적용한다. 더 나아가 건축, 에너지와 자원 이용 등 적용 범위를 생활 전반으로 확장하여 세상과 인간의 삶이 생태적이고 지속 가능하도록 디자인한다.

숲 텃밭

숲 텃밭은 산림과 농경을 혼합해 조성한 산림 농업의 한 종류이다. 이미 오래전부터 전 세계 곳곳에서 자급자족을 위한 가족농 형태로 숲 텃밭이 이어져 왔는데, 이 용어를 처음 사용한 사람은 영국인 로버트 하트다. 로버트는 장애가 있던 형과 함께 건강한 환경에서 살기 위해 인도 케랄라 지방의 텃밭 형태를 영국에 가져왔다. 그는 숲 텃밭에 다음의 4가지 기능이 있다고 말했다.

1 인간이 이용 가능한 작물을 생산한다.
2 숲 텃밭은 살아 있는 유기체로서 스스로 텃밭 생태계를 조화롭게 유지한다.
3 인간에게 안정과 평화를 주는 휴식처를 제공한다.

〔숲 텃밭의 다양한 식물층〕

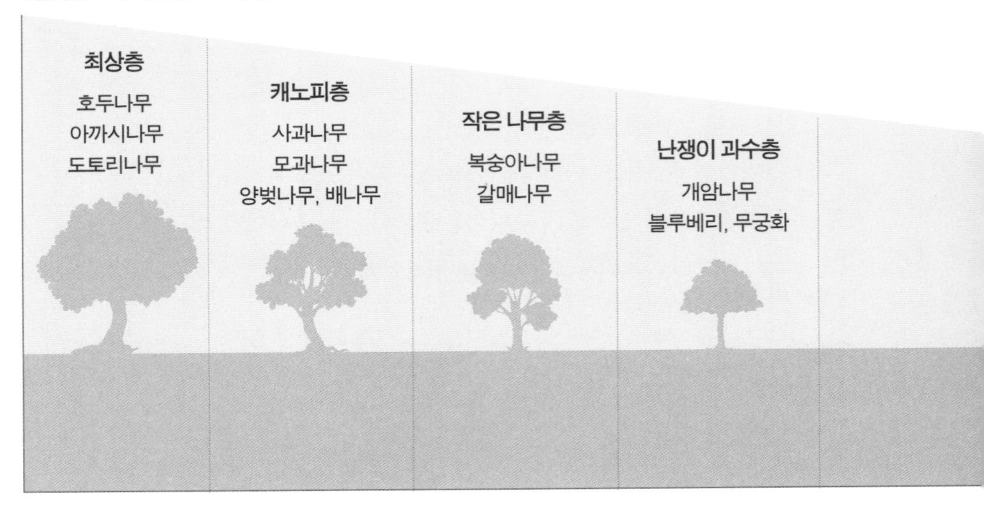

4 생태 환경을 보호한다.

숲 텃밭은 작은 규모의 산림 농업의 이상적인 사례로 들 수 있는데, 숲의 경계 부분을 뚝 잘라서 밭으로 옮겨 왔다고 보면 이해하기 쉽다. 녹음이 우거져 바닥까지 햇빛이 들어오지 않아 그늘진 숲속과 달리 숲의 경계 부분은 큰 나무에서 작은 나무, 풀로 식물의 키 높이가 점점 낮아지며 들판으로 이어진다. 이런 숲의 가장자리에는 크고 작은 나무와 수직으로 타고 오르거나 수평으로 땅을 덮으며 자라는 덩굴식물 등 여러 층의 다양한 식물들이 함께 자란다.
이렇게 여러 생물종이 공존하는 자연적인 숲의 형태를 농경에 적용해 인간이 이용할 수 있는 생태 시스템을 만드는 것이 바로 숲 텃밭이다. 숲이 사계절 내내 낙엽, 식물 등으로 항상 덮여 있듯이 숲 텃밭에서도 땅이 헐벗지 않게 멀칭을 하거나 덩굴식물로 땅을 덮는 것을 중요하게 여긴다. 이를 좀 더 체계적으로 발전시켜 특정 식물, 가령 콩과 식물을 심어 잎이 떨어지면 자연 멀칭을 하는 동시에 질소 비료 효과를 내도록 작물을 배치한다.

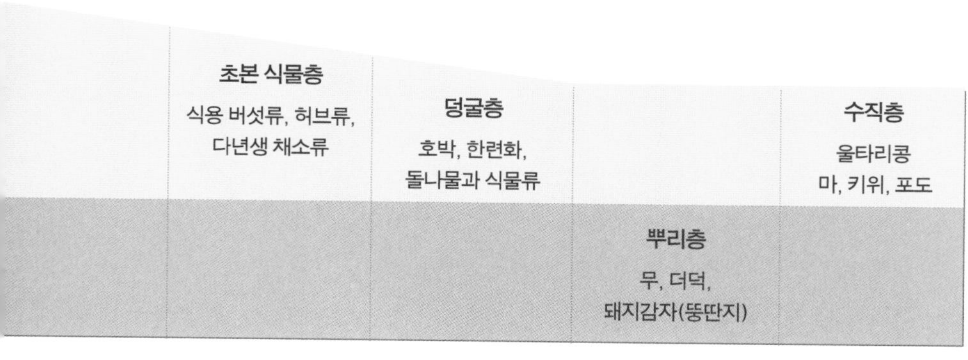

초본 식물층
식용 버섯류, 허브류, 다년생 채소류

덩굴층
호박, 한련화, 돌나물과 식물류

수직층
울타리콩 마, 키위, 포도

뿌리층
무, 더덕, 돼지감자(뚱딴지)

완전한 자연 멀칭

독일 환경 보호의 상징인 '자연보호 올빼미'를 고안한 쿠르트 크레치만Kurt Kretschmann 할아버지는 생전에 완전한 '자연 멀칭(농작물이 자라고 있는 땅을 건초나 짚 등 자연 재료로 덮는 일)'으로 평화의 농사를 지었다. 다니엘의 오랜 친구이자 스승이기도 했던 쿠르트 할아버지는 '동물 분비물 및 화학비료와 퇴비가 없고, 독소가 없고, 땅을 뒤집지 않고, 기계의 도움을 받지 않는다'는 기본 원칙을 바탕으로 다음과 같은 목표를 이루고자 했다.

1 땅속 미생물의 활동을 활발하게 한다.
2 모든 작물이 가능한 적은 양의 물로 생존하게 한다.
3 최소한의 잡초가 자라게 한다.
4 텃밭에 아주 작은 노동력을 들이고, 최소한의 도구만으로 조용한 텃밭 환경을 만든다.
5 건강하고 맛있는 양질의 먹거리를 수확할 수 있게 한다.

예를 들어 숲은 사계절 내내 낙엽이며 식물 등으로 '자연 멀칭'이 되고, 덕분에 숲의 땅은 헐벗지 않고 항상 기름지다. 같은 이치로 완전한 자연 멀칭 텃밭은 야생 멀칭 식물을 베어 낸 것과 수확 후 생긴 농작물 찌꺼기로 땅을 덮거나 녹비작물을 자라게 해 토양이 헐벗지 않게 하는 동시에 토양 생물들의 먹이가 끊이지 않도록 한다.
자연 멀칭은 불필요한 야생초가 자라는 것을 억제하고, 여름에는 토양이 바람과 강렬한 태양빛에 마르는 것을 보호해 급격한 지온 변화를 막아 준다. 이것은 관행농의 헐벗은 땅과 달리 땅속 습기가 기화되는 것을 막아 건조기에도 토양의 습기를 유지해 준다. 또한 가을과 겨울에 땅이 어는 것을 방지해 토양 미생물의 활동 기간을 늘려 주기도 한다.

쿠르트 할아버지는 오랜 세월 동안 텃밭 샛길까지 자연 멀칭을 하는 등 완전한 자연 멀칭 텃밭을 실현하고 책도 펴냈다. 쿠르트 할아버지네 텃밭에서는 해마다 같은 자리에 십 년 넘게 감자를 키워도 이어짓기의 피해 없이 주먹만한 감자를 캐낼 수 있었다. 심지어 바로 이웃한 옆집 텃밭은 해충 피해를 크게 입었지만 할아버지네 텃밭 대부분은 문제가 없었다니 놀라운 일이 아닌가? 이 모든 것이 자연 멀칭하여 텃밭 내 자체적인 생태 시스템이 안정된 덕분인데 땅속 미생물은 물론이고, 여러 익충과 해충을 먹이로 하는 천적 등 다양한 '텃밭 일꾼들'이 활발하게 활동했기 때문일 것이다.

자연농

자연농은 후쿠오카 마사노부福岡正信의 『짚 한오라기의 혁명』과 가와구치 요시카즈川口由一의 『신비한 밭에 서서』라는 책을 통해 한국에도 잘 알려져 있다. 이들의 자연농은 '4무 농법'이라고도 하는데, 그 내용은 다음과 같다.

1 땅을 갈지 않는다.(무경운)
2 화학 비료와 퇴비를 사용하지 않는다.(무비료)
3 농약이 일체 없다.(무농약)
4 잡초와 공생한다.(무제초)

이중 가장 기본이면서 제일 중요한 것은 땅을 갈지 않는 것이다. 땅을 갈지 않으면 토양 생태계가 해를 입지 않아 땅이 살아나서 해마다 비옥해지고, 병충해 피해가 줄어들거나 사라진다. 풀 문제는 풀로써 풀을 제어하는 이초제초以草制草의 방법이나 베어서 그 자리에 덮어 주는 자연 멀칭 같은 방법을 써서 해결한다. 풀을 벨 때는 한꺼번에 베지 않고 한 줄씩 건너뛰어 가며 벤다. 한꺼번에 베어 버리면 벌레들이 삶의 터전을 잃어 기르는 작물로 터를 옮겨 가 작물도 벌레도 곤란해질 수 있다.

후쿠오카 마사노부는 여기서 한 발 더 나아갔다. 그는 우리가 아는 일반적인 밭이 아닌 나무 사이에서 풀과 작물이 함께 자라는 숲밭을 선택했고, 여러 가지 씨앗을 넣은 진흙경단*을 숲에 뿌렸다. 또 과실나무는 가지가 서로 부딪쳐 부득이하게 잘라 줘야 하는 경우를 제외하고는 과실을 크게 맺으려고 일부러 가지치기를 하지 않았다.

이렇게 식물 자체의 자생력에 중점을 둔 자연농 방법으로 텃밭을 일구다 보면 초반에는 수확물의 크기가 작고 수확량이 적을 수도 있다. 하지만 시간이 흐를수록 땅이 살아나 수확량이 늘어나고, 땅에서 자란 자연농 작물들은 주변 환경과 조화를 이루어 따로 약을 치거나 비료를 주지 않아도 병충해의 피해 없이 튼튼하게 자란다.

테라 프레타

포르투갈 어로 '검은 흙'이란 뜻의 테라 프레타는 수천 년 전 아마존 인디언들이 살았던 거주지에서 발견된 '부엽토'를 말한다. 테라 프레타는 발견 당시 2m가 넘는 비옥한 토양이었는데, 원래는 잦은 비로 토양 유실이 심한 열대 우림 지역에서 30cm이상의 부엽토가 자연적으로 쌓이는 것은 불가능하다고 알려졌다. 그래서 테라 프레타에서 토기 조각 같은 인간의 흔적을 발견한 학자들은 농경을 시작한 인간이 인위적으로 만든 것으로 간주했다. 그리고 테라 프레타의 비밀을 알아내어 이 시대에 적용할 수 있는 비슷한 성분을 만들

---

* 진흙경단Seedball은 진흙가루와 씨앗을 섞어 물을 붓고 반죽한 후 철망 사이로 밀어내 1cm 크기로 만들거나 물에 담가 축축해진 씨앗에 진흙가루를 더해 둥글린 후 건조한다. 진흙경단은 비가 와서 진흙이 습기를 머금어 씨앗이 발아하기 좋은 환경이 조성될 때까지 동물과 부패로부터 씨앗을 보호한다.

기 위한 연구를 시작했다.

학자들은 오랜 연구 끝에 테라 프레타가 오랜 시간 동안 퇴화되거나 유실되지 않은 결정적 이유가 숯알갱이에 있다는 것을 알아냈다. 테라 프레타의 숯알갱이 속 수많은 작은 구멍은 토양 미생물들의 서식지로 이용되었다. 수분과 영양분을 저장하여 쉽게 분해되지 않는 안정적인 부엽토를 형성하고 탄소를 땅속에 고정시켜 지구 온난화의 주범인 온실가스, 이산화탄소를 줄이는 효과도 있었다. 이러한 테라 프레타는 최근 독일에서 지구 환경과 죽어 가는 농지를 살릴 수 있는 새로운 방안으로 주목받으며 '기적의 검은 흙' '검은 황금' 등으로 불리고 있다.

물론 테라 프레타가 일정 부분 기후 변화를 극복하고 황폐해진 농지를 회복하는 해결책이 될 수는 있다. 그렇지만 이 검은 흙 하나만으로 갑자기 세상의 모든 환경 문제가 간단히 해결되는 것은 아니다. 우리가 정말 주목해야 할 점은 테라 프레타만이 아니라 그것이 형성되기까지 아마존 인디언들이 실현한 농경 시스템이다.

실제로 테라 프레타와 지속 가능한 농경에 대한 연구를 한 다니엘은 테라 프레타가 단순히 비옥한 검은 흙이 아닌 '아마존 인디언들이 실현했던 지속 가능한 땅의 이용과 생태 순환 자원 관리 시스템'이라고 말한다. 더불어 이것이야말로 고대 아마존 인디언들이 현 시대에 전하는 기적과 황금의 비밀이고, 이런 시스템이 현 시대에서도 적용되어야 한다고 전한다.

나무오븐 없이 살아가기

에베르스발데에서 살던 때는 조리용 화력기기로 가스레인지 외에 나무를 연료로 쓰는 철제 나무오븐을 사용했다. 어릴 때 시골 할머니 댁에서 가마솥 아궁이를 봤던 기억을 제외하고는 그때까지 나무오븐을 직접 본 적도, 나무오븐으로 요리를 해 본 적도 없었다. 무엇보다 옛 방식대로 나무로 불을 때 요리하는 것이 무척 생소했는데 몇 번 하다 보니 손에 금방 익어 거의 매일같이 철제 나무오븐으로 요리를 했다. 당시에는 근처 숲에서 솎아 낸 나무를 싸게 사 오거나 시에서 공원 정리를 하고 잘라 버리는 나무 덩이를 공짜로 얻어 올 수 있어서 나부오븐을 쓰는 게 경제적이었다. 저렴한 데다 생태적으로 요리를 할 수 있다니, 그 사실만으로도 나무오븐은 내게 큰 기쁨을 주었다. 그래서 아주 무더운 여름의 며칠을 제외하고는 꽤 만족스러운 생활을 할 수 있었다.

나무오븐의 최대 장점은 요리하려고 불을 때는 동시에 난방도 해결된다는 점이다. 특히 눅눅하고 추운 가을과 겨울에 제격이다. 또 열판이 넓어 한 번에 냄비를 대여섯 개 이상 올릴 수 있는데 조리용 냄비와 함께 큰 솥에 물을 끓여 뒀다가 설거지나 샤워할 때도 썼다. 흐리고 습한 가을과 겨울에는 오븐 위에 줄을 걸어 잘 마르지 않는 빨래를 말렸고, 오븐에 끓인 물로 보온 물주머니를 만들거나 돌을 오븐에 올려 데운 뒤에 휴대용

나무오븐을 부엌 조리용 오븐과 연결한 후 도자기 타일로 표면을 마감하여 열 효율을 높인 나무오븐

온돌로 사용했다.

에베르스발데를 떠나 나무오븐과 헤어진 뒤에 다니엘은 전기레인지의 에너지 손실을 보완하기 위해 열분해오븐을 만들었다. 버려진 각종 용기와 고물상에서 산 몇 가지 고철을 재활용하여 만든 것이다. 열분해오븐은 나무를 활활 태워 재를 남기는 대신 연소 시 산소 공급량을 조절하여 숯을 생산하고 이때 발생한 열로 음식을 조리한다. 즉 앞서 말한 테라 프레타의 핵심 재료인 숯알갱이를 구워 내는 중요한 역할을 하는 거다. 나무오븐과 달리 본디 용도가 숯알갱이 생산이라 쓰임새가 조금 다르고, 야외용 휴대오븐이라 날씨 제약을 많이 받는다. 다만 볕이 좋은 날이면 집 정원에 냄비를 들고 나가 오븐으로 밥을 해 먹으며 캠핑 기분도 낼 수 있고, 부엌에서 전기레인지로 식사 준비를 하느라 억눌러 왔던 내 생태적 양심도 간만에 떳떳해진다.

만약 우리 집이 생긴다면 나와 다니엘은 지붕 전체에 햇빛 발전판을 설치하고 다른 한 쪽엔 풍력 발전기도 몇 개쯤 세워서 집에서 필요한 모든 에너지를 직접 생산해 낼 거다. 그렇게 되면 부엌에서 밥을 짓는 데 에너지 소비량이 많다고 스트레스를 받는 일도 없어진다.(우리가 직접 만든 부엌이라면 전기레인지를 들여놓지도 않았겠지.) 대신 부엌에서 요리를 하면서 숯도 생산해 내는 지금보다 업그레이드 된 열분해오븐을 만들 것이다. 빵 굽는 오븐도 함께 달린 것으로!

가끔은 이렇게 기술적으로 잘 갖춰진 자가발전 생태 부엌을 머릿속에 그려본다. 하지만 지금은 이 도시 저 도시를 떠돌며 살아가고 있어 아주 먼 미래의 꿈일 뿐이다.

지금 살고 있는 집 부엌의 전기레인지 때문만이 아니라 우리는 오래 전부터 에너지 자가발전에 대한 작은 소망을 갖고 있었다. 다니엘은 시간이 날 때

햇빛 발전판

마다 재생 에너지나 자가발전 관련 제품을 알아보며 우리의 꿈을 실현할 구체적인 계획을 세웠다. 그리고 작년 초, 지역의 재생 에너지 회사에서 우박을 맞아 표면이 손상된 햇빛 발전판을 아주 저렴한 가격에 내놓았기에 그걸 여러 장 사 뒀다. 그 발전판이 도착한 날, 헛간 한구석에 세워 두면서 '우리가 오랫동안 바라왔던 에너지 자가발전의 꿈이 머지않았구나.' 싶어 얼마나 기뻤는지 모른다.

나는 기기 제작 쪽으로는 도통 재주가 없어 이런 일은 대개 다니엘 몫으로 돌아간다. 여러 날 궁리를 거듭하던 다니엘은 햇빛 발전판을 통해 모은 전기를 어떤 식으로 저장해 사용할 것인지를 실현하는 부분이 자가발전 성공의 열쇠라고 말했다.

세입자가 자가발전한 전기를 집에 직접 연결해 쓰자면 해결해야 할 복잡한 문제들이 많다. 하는 수 없이 우리는 외장 배터리에 전기를 저장하여 휴대용으로 사용하는 이른바 '전력의 섬'을 만들기로 했다. 텃밭 근처 헛간 지붕에 발전판을 설치하기 전에 집주인이며 함께 사는 이웃들에게 양해를 구했다. 발전판을 사 들인 이후 우리는 필요한 부속 제품들을 차곡차곡 사 모았고, 자가발전에 필요한 준비는 거의 다 마쳤다.

늘 바쁜 다니엘이 언제 시간을 내어 작동해 보고, 제대로 설치할지 지금으로서는 알 수 없다. 하지만 자가발전의 꿈은 머지않아 곧 실현될 것 같다. 실현된다 하더라도 에너지를 모은 곳에서 집 안까지 무거운 배터리를 옮겨다 써야 하고, 전기를 가장 많이 먹는 붙박이 전기레인지의 경우에는 외부 배터리 사용이 불가능하다는 난관이 남아 있다. 그럼에도 우리 집에 에너지 생산과 사용에 대한 완전 새로운 세상을 열어 줄 그날이 기다려진다.

자가발전 시스템 실현 준비 기간 동안 사용 중인 미니 햇빛 발전판과 다양한 종류의 배터리

우리 집 부엌 보물 만들기

우리 집 부엌의 보물, 바로 병조림이다. 병조림은 조리가 막 끝난 뜨거운 내용물을 유리병에 채워 뚜껑을 닫으면 병 내부에서 고온으로 팽창되었던 공기가 식으면서 수축하는 원리를 이용해 밀봉하는 식품 저장법이다. 병조림을 만들기 전에 꼭 알아두면 좋은 팁과 실제로 내가 직접 만드는 병조림들을 소개한다.

유리병 준비하기

용기를 따로 구매하는 것도 좋지만 과일잼 병이나 토마토소스병처럼 철제 뚜껑이 달린 유리병이라면 병조림으로 재활용할 수 있다. 병조림은 종류에 따라 다르지만, 개봉 후에는 가급적 이삼 일 내에 먹는 것을 추천한다. 따라서 병조림용 용기는 크기가 작은 것이 좋다. 소금이나 식초물을 넣어 병조림을 만들 때에는 반드시 녹슬 염려가 없는 유리 뚜껑의 병을 사용한다.

그리고 뚜껑! 병조림을 하는 데 뚜껑의 상태를 확인하는 게 가장 중요하다. 재활용할 병을 소독할 때 뜨거운 물을 유리병의 1/3 정도 넣고 뚜껑을 닫아 거꾸로 세워 보자. 이때 물이 새어 나오거나 치지직 소리가 난다면 뚜껑이 맞지 않는다는 것이고, 밀봉이 안 될 확률이 높으니 병조림 용기로 적당하지 않다.

유리병 소독하기

유리병은 사용하기 전에 끓는 물을 절반쯤 부어 뚜껑을 닫고 위아래로 흔들어 헹군 뒤, 마른 수건 위에 입구가 아래쪽으로 오게 엎어 놓고 물기를 제거한다. 단 끓는 물을 부을 때 급격한 온도차로 유리병이 깨지는 일이 없도록 주의한다. 참고로 끓는 물에 소독한 쇠젓가락 한 짝을 유리병에 넣거나 열전도가 빠른 스테인리스로 된 싱크대 위에 병을 올려놓은 채로 끓는 물을 부으면 유리병 손상을 줄일 수 있다.

병조림 만들기

과일무스

별다른 첨가물 없이 주재료를 뭉근하게 끓여 만드는 과일무스는 빵에 발라 먹거나 조림 요리는 물론이고, 김치 양념으로도 사용할 수 있다. 과일무스는 잘 익은 사과, 복숭아, 자두, 서양배 등 대부분의 과일로 만들 수 있다.

만드는 법

1 재료를 잘 씻어 꼭지나 씨방을 제거한 후 껍질째 작게 자른다.
2 1을 큰 냄비에 넣고 중간 불로 끓인다.
3 보글보글 끓기 시작하면 약한 불로 줄이고, 냄비 바닥에 눌어붙지 않도록 저어 준다.
4 과일의 형체를 알아볼 수 없을 정도로 부드러워졌다면 완성이다.(취향에 따라 핸드 블렌더로 곱게 갈아도 된다.)
5 4가 뜨거울 때, 준비된 유리병에 넣고 입구에서 1cm 정도 남긴 후 밀봉한다.
6 장기 보관을 하려면 병째 20분쯤 중탕하여 빛이 들지 않는 서늘한 곳에 보관한다.

과일잼

한국에서 과일잼을 만들 때는 농도 조절을 위해 한천을 넣고 저장성을 높이고 단맛을 올리기 위해 설탕을 사용한다. 사실 달고 신 과일을 적절히 혼합하면 한천과 설탕 없이도 얼마든지 맛있는 과일잼을 만들 수 있다. 나는 잼의 농도를 펙틴이 풍부한 사과(혹은 사과무스)로 맞춘다.

잼을 만들 때는 큰 과일을 껍질째 작게 잘라 냄비에 넣고, 딸기나 블루베리 등 무른 과일은 통째로 넣고 끓인다. 독일에서는 아로니아나 블랙베리, 라즈베리 같은 씨가 많이 씹히는 과일을 끓인 뒤 체에 걸러 즙만 쓰기도 하는데, 통째로 넣는 게 건강에는 더 좋다.

만드는 법

1 냄비에 과일을 넣고 주걱으로 저어 가며 중간 불에서 끓이다 불순물이 나오면 걷어 낸다. 이때 사과나 모과처럼 단단한 과일은 부드러워질 때까지 끓여 준다.
2 농도가 묽으면 미리 만들어 둔 사과무스 병조림을 1에 첨가한다. 특정 과일의 즙만 사용할 때는 최소한 동량의 사과무스를 섞어야 점도가 적당해진다.
3 2가 뜨거울 때, 준비된 유리병에 넣고 입구에서 1cm 정도 남기고 밀봉한다.
4 장기 보관을 하려면 병째 20분쯤 중탕하여 빛이 들지 않는 서늘한 곳에 보관한다.

과일 병조림

배나 모과처럼 물기가 많고 과육이 단단해 익혀도 쉽게 부스러지지 않는 과일은 큼지막하게 깍둑썰기 하여 뚜껑을 덮고 약한 불에 끓이다 보면 과일즙이 흥건하게 나온다. 이렇게 나온 과즙과 미리 끓여 둔 과육을 병에 저장하면 무가당 과일 병조림이 완성된다. 또 다른 방법으로 병에 과일을 잘라 꽉 채우고 비정제 설탕 한두 숟가락과 물을 부어 밀봉한 뒤 중탕하는 것이다. 이 방식을 '콤포트(Kompot)'라고 하는데, 거의 모든 과일(심지어는 포도알까지)을 콤포트로 손쉽게 병조림할 수 있다. 취향에 따라 통계피와 편생강, 오렌지나 귤껍질 조각 등을 넣어 나만의 음료를 만들 수도 있다.

채소 병조림

소금물을 부어 만드는 채소 병조림은 무더위에 지친 여름날의 반찬으로 그만이다. 또한 다 먹고 남은 병조림 국물은 다른 요리의 육수로 사용할 수 있다. 특히 저장 채소가 바닥을 보이는 초봄에 유용한데 각종 버섯, 토마토, 깍지콩, 비트 같은 단단한 뿌리채소도 병조림을 할 수 있다. 단, 콜리플라워나 방울 양배추 같은 잎채소는 가스가 많이 발생하여 병조림을 잘해 둬도 장기간 보관하기 어렵고, 병조림한 채소 맛도 그다지 좋지 않다. 따라서 1~2주 이내로 먹을 게 아니라면 이들 채소의 병조림은 추천하지 않는다.

만드는 법

1 준비된 유리병에 소금(500ml 병 기준 1큰술)을 넣는다.

2 취향에 따라 통후추와 편생강 같은 향신료나 허브 줄기를 첨가한다.

3 준비한 재료를 잘 씻어 원하는 크기로 썰어 병을 꽉 채운다.

4 끓는 물을 붓는다.

5 뚜껑을 닫고 밀봉한 뒤 정해진 시간에 맞게 중탕한다.(중탕 시간은 35페이지 참조)

채소 피클

식초에 절여 먹는 오이 피클 외에도 무나 당근, 비트, 양송이버섯 등 각종 채소와 버섯을 피클처럼 식초 병조림을 할 수 있다. 신맛을 줄이려면 식초물 만들 때 당분을 늘리는 대신 식초양을 줄이고 와인이나 청주 같은 도수가 낮은 술 섞는다.

만드는 법

1 준비된 유리병에 향신료를 넣는다.

2 잘 씻어 다듬은 각종 채소를 원하는 크기로 썰어 병을 꽉 채운다.

3 준비한 식초물*을 끓여 붓고 밀봉해 중탕한다.

음료 병조림

우리 집에서는 철마다 각종 과일주스를 만들어 크고 작은 유리병에 밀봉하여 두고 두고 먹는다. 우리 집은 수증기를 이용해 과일즙을 추출하는 착즙 냄비를 사용하지만, 주스 착즙기를 이용해 즙을 짜서 유리병에 넣고 중탕할 수도 있다. 이때에는 병째 넣고 70~80도 이내에서 15~30분 정도 중탕해 두면 냉장 보관을 하지 않아도 시중에서 판매하는 음료처럼 먹을 수 있다.

그 외 각종 소스나 페이스트

각종 수제 소스와 빵 스프레드 등도 한 번에 많이 만들어 병조림을 해 두면 편하다. 토마토 페이스트에 사과무스를 넣어 설탕 양을 줄인 케첩을 만들고, 토마토 파프리카 소스, 고추장 볶음, 채소 육수와 레드 와인 등으로 만든 데미글라스 소스를 만들어 병조림을 할 수 있다.(토마토 파프리카 소스는 토마토 수프를 만들 때 유용하다.) 스프레드 외에도 덜 익은 토마토와 호박, 과일 등을 넣고 새콤달콤 매콤하게 만드는 처트니도 병조림으로 해 두면 요긴하게 쓸 수 있다. 장기 보관 요령은 뜨거울 때 재빨리 병에 담아 밀봉하고 한 번 더 병째 중탕하는 것!

소스 만들기 중에서 수프 요리에 등장하는 토마토 파프리카 소스 만들기를 소개한다.

＊식초물 만드는 법

식초:당:물을 1:1:2 비율로 섞는다. 간편하게 만들고 싶을 때는 식초에 당을 넣고, 소금(2큰술)과 끓인 물을 부어 따뜻할 때 내용물을 담은 유리병에 넣고 중탕한다. 신맛을 줄이려면 식초 총량의 1/3을 와인이나 청주로 대체하여 식초:술:당:물의 비율을 2:1:3:6으로 섞는다. 또 취향에 따라 향신료나 레드와인, 발사믹 식초를 넣어 만들 수 있다.

토마토 파프리카 소스

재료(500ml)

적색 파프리카 1kg
잘 익은 토마토 1kg
양파 4개, 마늘 4쪽

국물내기 재료

월계수 잎 3장
줄기째 끊은 허브 4줄기
| 오레가노, 로즈메리

고명 재료

잘게 썬 허브 7큰술
| 오레가노, 로즈메리,
| 타임, 파슬리 등
통후추 간 것 약간

*허브는 취향에 따라 바꿀 수 있다.

만드는 법

1 토마토 꼭지와 흰 속 부분을 제거한다. 파프리카는 큼직하게 썬다. 양파와 마늘은 잘게 썬다.

2 1을 큰 솥에 넣고 약한 불에서 과육이 물렁해질 때까지 뭉근하게 끓인다.(토마토가 어느 정도 익기 시작하면 흥건하게 채소물이 고이는데, 이때 중간 불로 올리면 조리 시간을 단축시킬 수 있다.)

3 2에 고인 채소 물을 따로 담고, 과육은 체에 2~3국자씩 붓고 숟가락으로 으깬다. 이때 따로 담아 둔 채소물을 부어 가며 토마토의 껍질을 제거하는 과정을 반복한다.

4 3에서 걸러진 채소물에 월계수 잎과 허브 줄기를 넣고 20분 정도 끓인다.

5 올리브유에 양파와 마늘을 볶아 3에 넣고, 바닥에 눌어붙지 않게 저으면서 10~20분간 더 끓인다.

6 월계수 잎과 허브 줄기를 건져 내고 잘게 썬 허브와 함께 통후추를 충분히 갈아 넣는다. 취향에 따라 조청(당분)을 가미하면 신맛이 줄어든다.

7 뜨거울 때 소독해 둔 유리병에 담아 밀봉해 병조림한다.

8 장기 보관을 하려면 병째 20분쯤 중탕하여 그늘지고 서늘한 곳에 보관한다.

Gemuse

CHAPTER 3

kitchen

생태적 순환의 삶

생태적 삶의 첫 걸음

생태적으로 살아가는 방법에는 여러 형태가 있다. 실제로 우리 부부가 실천하는 것들로는 생태적으로 텃밭 농사를 짓고, 모자란 식재료는 가능한 지역산과 국내산 유기농 작물로 사 먹고, 필요한 물건, 특히 전자제품은 되도록 중고로 구입하기 등이 있다. 또 생활에서 쓰레기가 나오지 않게 플라스틱과 유리 용기 등 재활용 용기들을 여러 번 재사용한 뒤에 분리수거하여 에너지를 절약한다. 글로 나열해 보면 거창해 보이지만, 익숙해지면 금방 별거 아닌 일상이 된다. 조금만 신경을 쓴다면 각각의 활동이 긴밀하게 연결되어 생태적인 순환의 삶을 지속할 수 있다. 이 생태적인 순환의 삶 그 처음과 끝을 이루고, 중심에 자리하는 요소는 바로 '식食', 그러니까 먹고 마시는 것에 관련된 일체의 행위들이라고 생각한다. 당장 먹고 마시지 않으면 살 수 없는 인간에게 어떤 옷을 입고, 어디에 사는가는 2차적인 문제일 테니까.

생태적으로 소박한 삶이란

2004년에 녹색평론에서 주최한 '21세기를 위한 사상 강좌'의 강연자로 인도 출신의 환경운동가 사티쉬 쿠마르Satish Kumar가 방한했다. 쿠마르 씨는 생태잡지 『소생Resurgence』의 편집자로 영국 생태 교육 기관 슈마허 칼리지Schumacher College의 창립자이자 프로그램 디렉터로도 활동하고 있다.

쿠마르 씨는 19세가 되던 해, 핵무기에 반대하여 러시아, 프랑스, 영국, 미국까지 당시 핵을 보유한 나라의 수도를 방문하는 평화 순례의 길을 떠났다. 30개월간 8000마일의 길을 걸었고, 각양 각지의 사람들과 직접 만났다고 한다. 그리고 무엇보다 그의 강연에서 기억에 남는 대목은 '소박한 삶, 생태적인 삶을 위해서는 부엌에서 식사 준비를 하는 경험이 중요하다'는 거였다.(실제로 슈마허 칼리지에서는 학생들이 돌아가면서 식사 당번을 맡게 된단다.)

전적으로 공감하는 대목이다. 실제로 장을 보거나 텃밭에서 직접 수확한 재료로 상을 차리고, 설거지와 뒷정리를 하는 과정은 생태적인 순환의 삶을 단적으로 잘 보여 준다. 이 과정에 삶에 대한 본인의 결정과 의지, 실천, 철학이 다 들어 있다고 해도 과언이 아니다.

우리 부부 또한 생태 부엌을 삶의 중심에 두고 있다. 텃밭에 작물을 직접 길러 먹고, 배설물을 퇴비로 만들어 다시 텃밭으로 돌려줌으로써 생태 순환 체제를 가동한다. 실제로 할레에 이사 온 후, 우리는 실내 퇴비 화장실을 만들어 쓰고 있다. 수세식 화장실은 손님이 방문할 때를 제외하고는 사용하지 않는다.

실내 퇴비 화장실은 우리가 오랫동안 염원했던 것이다. 실제로 예전에는 물을 절약하기 위해서 욕실과 부엌의 하수를 모아 수세식 화장실에서 재사용하는 노력을 했다. 물론 처음에는 꽤 귀찮은 일이었지만, 그것도 몇 년 하다 보니 일상이 되었다.

물 낭비는 줄였지만 우리 몸에서 나오는 배설물을 '따로 처리해야 하는 오

화장실 및 부엌 찌꺼기, 잔디 깎은 것과 낙엽 등 가든 찌꺼기 등을 모아 퇴비를 쌓고 잘 숙성시켜 다시 텃밭으로 돌려주는 다니엘

물'로 취급해야 해서 아쉬움이 컸는데, 실내 퇴비 화장실이 그 모든 걸 한번에 해결해 주었다.(생활하수를 모아 수동으로 화장실 물을 내리지 않아도 되어 얼마나 편리하던지!)

실내 퇴비 화장실에서 모은 귀중한 배설물은 일 년에 서너 번 퇴비로 변신한다. 화장실에서 용변을 보면 소변은 5L, 대변은 10L 재활용 용기에 분리 저장되는데, 소변은 물과 희석해 액비로 사용한다. 대변은 용변을 볼 때마다 숯알갱이를 뿌려 냄새와 벌레 꼬임을 막아서 저장했다가 부엌에서 나온 음식물쓰레기와 잔디 깎은 것, 잘게 부순 낙엽 등을 켜켜이 쌓아 퇴비 더미로 만든다.

퇴비 더미는 통기성을 높이고 부패를 막기 위해 부피가 있는 나뭇가지나 식물 줄기를 사이사이에 넣어 쌓아 두고, 건조하면 빗물이나 소변 받은 것을 뿌려 가며 퇴비가 익기를 기다린다. 그렇게 대여섯 달을 기다리면 미생물과 벌레의 오묘한 조화를 통해 기름진 검은 흙이 탄생한다. 이 귀한 흙을 봄, 가을 모종에 옮겨 심을 때 작물 주변에 돌려주면 텃밭 작물들은 이를 양분 삼아 싱싱하고 건강하게 자라난다. 그리고 이것들이 맛있는 요리와 음료로 만들어져 우리에게 삶의 에너지로 되돌아온다.

우리는 우리 몸에서 나온 배설물을 통해 텃밭 거름을 만들고, 일상에서 그것들의 귀함을 깨달아 간다. 그러니 이것이야말로 생태적 순환의 삶을 위한 '생활 혁명'이라고 할 수 있지 않을까?

채식 밥상은 생태 부엌의 정점

나는 채식을 하는 것이 개인의 생태적인 삶, 그리고 좀 더 나은 세상을 위해 실천할 수 있는 가장 손쉬운 도전이라고 생각했다. 실제로 채식을 한 덕에 식사 준비 또한 전보다 훨씬 간편해졌다. 바깥 기온이 35도 이상을 오르내리는 한여름에 켈러의 온도가 15도 이상을 넘어서더라도(그럼에도 바깥 기온과 15~20도 가까이 차이가 난다.) 병조림해 둔 채소며 과일에는 전혀 문제가 없고, 생채소도 텃밭에서 바로 수확해 먹으니 보관 걱정을 따로 할 필요가 없다.

그런데 만약 우리 부부가 완전 채식을 하는 비건이 아니었다면?

다른 사람들에게는 냉동이나 냉장된 육류를 꺼내 조리하는 게 채식 밥상보다 더 간편할지도 모른다. 개인이 투자하는 에너지의 측면만 놓고 본다면 말이다. 하지만 육류가 내 식탁에 오르는 데까지 드는 생산에서 유통까지의 총 에너지를 비교해 보면 육식은 채식보다 에너지가 많이 드는 꽤 번거로운 상차림이다. 게다가 일정한 온도 유지가 안 되는 켈러에서는 육류를 보관할 수가 없으니 부엌에서 냉장고를 내쫓지 못했을 것이다.

한번은 식품과 제조업체들 이면의 숨겨지고 은폐된 이야기를 파헤치고 가공식품과 식품 첨가물 들이 건강에 미치는 영향에 관한 글을 써 온 독일인 작가 한스 울리히 그림Hans-Ulrich Grimm과 직접 만날 기회가 생겼다. 베를린에서 열린 녹색당 주최 행사에서 만난 그는 일주일에 한 번 정도 지역 유기농 농부에게서 육류를 구입해 먹는다면서 책임 있는 식품 구입을 한다면 굳이 채식을 할 필요는 없다고 말했다. 물론 그의 말처럼 책임 있는 육류 구입과 소비는 중요한 문제지만 육류 생산이 곡식이나 채소 등의 채식 식품원을 생산하는 것 보다 면적 이용, 물 소비 등의 자원 요구량이 높은 것 또한 사실이다.(결론적으로 생산 총에너지가 최소 7배 이상 더 많이 든다.) 어쨌거나 육류가 '호화롭고 사치스런 식품'일 수밖에 없다는 것은 부인할 수 없는 사실이고, 이런 점을 생각하면 우리는 변함없이 채식을 하는 것에 머물게 된다.

2014년에는 할레 비건 축제에서 지속 가능한 식생활과 생태 문제에 관한 연구로 박사 학위를 취득한 토니 마이어Toni Meier 박사의 식생활 형태에 대한 강연을 들은 적이 있다. 결론만 두고 보면 마이어 박사는 비건 식생활이 다른 어떤 형태의 식생활보다 생태적이고 지속 가능한 식생활이라 했다. 다니엘이 한 식생활 환경 영향 평가에 따르면 채식이 에너지 및 농약 사용량, 물, 대기 오염, 온실가스 배출 가능성 등 환경에 끼치는 부담이 다른 식생활보다 절반 이하로 낮았다. 안타까운 사실은 실제로 우리처럼 완전 채식을 하는 비건은 독일 전체 인구의 1.1퍼센트에 지나지 않다는 점이다. 그래서 우리는 파티에 초대받아 가거나 중간에 식사가 제공되는 세미나에 참석할 경우 사전에 주최 측에 문의해 미리 부탁해 둬야 하는 경우가 많다. 그도 아니면 우리가 먹을 도시락을 따로 챙겨 가거나.

최근 이삼 년, 비건 전문 월간지와 책 등 발행물이 급격히 늘어나고 대형 마트 등에서도 다양한 비건 식품이 기획 판매된다. 이러한 현상으로 미루어 볼 때, 독일에서 비건 식생활이 점점 익숙해지고 있는 것을 알 수 있다. 그렇다고 언제 어디에서든 비건식을 기대할 수 있을 정도로 아주 평범한 것은 아니다.

본의 아니게 우리가 먹는 음식이 주목을 받게 되는 때가 종종 있다. 각종 채소로 알록달록한 색감을 뽐내는 우리 접시를 보고 '맛있어 보이는 그 요리는 무엇이냐, 내가 고를 때는 없었다.' 하고 묻는다. 재미난 점은 비건 요리가 다른 요리들과 함께 뷔페식으로 제공될 때, 별도 표기가 있건 없건 제일 먼저 바닥이 난다는 사실! 전체 참가자 중 채식을 하는 건 남편과 나 단 둘인 상황에서 이런 일은 꽤 빈번하게 벌어지곤 한다.

채식은 내 삶의 많은 부분, 특히 정신적으로 긍정적인 변화를 가져왔다. 더불어 우리 집 부엌 생활 역시 좀 더 간편하면서 생태적인(꽤 바람직한) 방향으로 발전시켜 왔다. 이러니 내가 채식 밥상을 예찬할 수밖에!

자, 그럼 이제 나의 채식 밥상을 풍성하게 하는 감초들을 소개해 볼까 한다.

허브 맛간장

각종 야생 허브를 담은 유리병에 간장과 와인을 넣은 요리용 맛간장(좌)과 맛간장에 야생 허브 효소액을 추가한 샐러드 및 무침용 맛간장(우)

나는 가급적이면 시판되는 간장을 사용하지 않는다. 가능한 집에서 담근 재래식 간장(조선간장)을 고집하는데, 주로 한국의 친정집에서 공수해 먹는다.

음식에 재래식 간장을 사용하면 소금을 사용하는 것보다 유익한 점이 많은데 특유의 짠맛 때문에 국 간장으로만 쓰이는 점이 안타깝다. 그래서 고안한 것이 바로 허브 맛간장이다.

친정 엄마는 예전부터 장에 온갖 재료와 물을 넣고 끓여 맛간장을 만들었다. 하지만 나는 간장을 끓이지 않고도 간편하게(더불어 미생물들도 좀 더 살아 있을 수 있게) 간장에 허브와 와인*을 넣고 함께 숙성시킨 허브 맛간장을 만든다. 허브 맛간장을 만드는 방법은 다음과 같다.

---

*와인은 가능한 직접 만들거나 협동조합 등에서 첨가물 없이 국내산 포도로 만든 것을 구입한다. 이때 유의할 점은 유기농 포도주도 황을 넣어 발효를 멈추기 때문에 여과 후에도 황 부유물이 남아 있을 수 있다. 따라서 시판되는 포도주는 장기간 두고 먹지 않는 것이 좋다.(발사믹 식초의 경우도 마찬가지다.)

허브 맛간장 재료

생강 1쪽
산초 열매 2~3개
양파 1개
허브 및 야생초 1소쿠리
| 오레가노, 타임, 로즈메리,
| 회향, 신선초, 쑥,
| 줄기 샐러리, 미나리 등
재래식 간장 500ml
포도주
| 도수가 낮은 청주나
| 과일주 500ml

만드는 법

1 깨끗이 씻어 뜨거운 물로 소독한 유리병에 산초 열매, 생강, 양파(껍질째) 등을 넣고 야생초와 허브를 가득 채운다.

2 간장과 적포도주를 1:1 비율로 섞어 유리병 병목까지 채운다.

3 2에 철제가 아닌 뚜껑을 덮어 상온에서 2주 이상 숙성시킨 뒤에 체에 걸러 유리나 도기로 된 간장병에 넣어 두고 사용한다.

4 샐러드용 맛간장을 만들 때에는 2와 효소액을 2:1(혹은 같은 양)로 넣고 상온에서 일주일 이상 숙성한다.

* 허브와 야생초는 종류가 많을수록 좋다. 신선초나 미나리, 쑥 등 향이 강한 식물이나 향이 좋은 뿌리채소를 넣으면 향긋하고 맛도 좋은 맛간장을 만들 수 있다.
* 샐러드용으로 만들 때에는 야생초 효소액 300~500ml를 첨가한다.

허브오일

우리가 일반적으로 쓰고 있는 무색무취의 식용유는 대부분 정제유다. 식용유 정제 과정에는 200°C 이내 고온의 수증기를 이용하여 기름의 맛과 향을 내는 성분을 제거하는 탈취 과정이 포함된다. 이 과정을 거치면 발화점이 높아지고, 고온 조리에 적합한 식용유가 만들어지므로 전문가들은 샐러드용으로 쓰는 기름과 조리용 기름을 구분하여 사용할 것을 권장한다. 하지만 나는 굳이 용도를 나눠 기름을 쓰지 않고, 모든 요리에 비정제 저온 압착유를 고집한다.(가능한 부치거나 튀기는 조리법을 지양하는 탓도 있다.) 볶음 요리도 기름과 물을 함께 넣어 살짝 볶는 정도로 하고, 가끔 하는 튀김 요리도 조리 후 남는 기름이 거의 없을 정도의 최소량을 사용해 아주 높지 않은 온도에서 재빨리 튀겨 낸다.

식용유는 갈색 유리병에 든 유기농 제품을 권장한다. 작물이 자라는 과정에서 축적될 수 있는 농약이나 중금속 같은 독소들이 우리가 먹는 식물의 지방에 남아 제조한 뒤에도 그대로 들어 있을 가능성이 매우 높기 때문이다. 그러니 유기농 제품이 비싸다고 머뭇거리기 전에 우리 집 부엌에서 기름을 얼마나 많이 사용하는지 따져 보는 건 어떨까? 매일 기름을 들이붓는 튀김 요리를 하지 않는 이상 한 번 사 두면 꽤 오랫동안 두고 먹는 것이 식용유니까 말이다.

식용유는 유기농 올리브유나 해바라기씨유 등 저온에서 압착하여 짜낸 비정제 식물성 기름 중 하나를 선택하거나 두어 가지 기름을 섞어 쓰는 게 좋다. 단 수입 카놀라유(유전자 조작 유채씨 기름)는 가능한 사용하지 않는다. 유채씨는 옥수수, 대두와 더불어 세계적으로 가장 많이 유통되는 유전자 조작 작물 중 하나다. 유전자 조작이 된 유채는 주위의 일반 유채와 쉽게 교배하여 인근의 일반 유채까지 모두 유전자를 조작해 버리는 무시무시한 능력을 과시한다. 특히 유전자 조작을 한 유채가 많이 재배되는 미국 캐나다 등 북미 지역에서 생산된 기름이라면 대부분 유전자 조작이 된 유채씨로 만들어진 것으로 봐도 무방하다. 잠정적인 인체 실험 대상이 되고 싶지 않다면 카놀라유는 멀리하는 게 어떨까.

마지막으로 고려해야 할 점은 기름 속 오메가3 지방산과 오메가6 지방산의 비율이다. 이들은 체내 합성이 안 되어 반드시 음식물로 섭취해야 하는 필수지방산이다. 이들의 이상적인 비율은 오메가3:오메가6 지방산이 1:2에서 1:4라고 한다. 이러한 비율의 유지가 중요한 건 과잉 섭취할 경우 염증을 유발하는 오메가6 지방산의 성질 때문이다. 들기름과 아마인유를 제외하고 대부분의 식용유는 오메가6 지방산 함유율이 현저하게 높다.(인스턴트식품, 과자류, 튀김 요리를 통해 지방 섭취가 늘어난 현대인들의 식생활이 문제가 되는 것은 어쩌면 당연한 일이다.) 오메가3 지방산을 얼마나 섭취했느냐보다 지방 과다 섭취로 인한 인체 내 지방산 비율이 깨져 영양의 불균형이 생기는 것이 문제의 핵심이다.

들기름이나 아마인유처럼 오메가3 지방산 비율이 높은 기름은 가격이 비싸고 산화가 빠르기 때문에 볶음이나 튀김 요리에는 적당하지 않다. 따라서 가능한 기름 사용은 줄이는 것이 좋고, 들기름이나 아마인유처럼 오메가3 지방산이 풍부하여 필수지방산의 비율이 이상적인 기름을 생으로 섭취한다.

하지만 나는 뭐니 뭐니 해도 우리 집 텃밭에 있는 재료로 나만의 허브오일을 만드는 걸 선호한다. 만드는 법도 간단하고, 투명한 유리병에 담긴 허브오일은 그 자체만으로도 장식 효과가 있다. 그래서 예쁜 오일 병에 담아 둔 채 재료를 거르지 않고 계속 사용한다. 단 주의할 점은 생허브를 넣어 만드는 허브오일은 숙성한 뒤 2~3주 내에 먹어야 한다. 일정 시간이 흐르면 허브오일 속의 허브에 이물질이 생기거나 곰팡이가 필 수도 있기 때문이다.(건재료만 쓴다면 아무 문제없다.)

재료

식용유(500ml)
말린 허브
| 오레가노, 로즈메리,
| 마조람, 타임
저민 마늘 2쪽
생강 2쪽
말린 고추 1개
통후추 1~2개
말린 토마토 1쪽

* 허브는 취향에 따라 바꿀 수 있다.

만드는 법

1 투명한 병 밑바닥에 저민 마늘 2쪽, 말린 생강 2쪽, 말린 매운 고추 1개, 통후추 1~2개, 말린 토마토 1쪽을 넣는다.

2 가지째로 말린 각종 허브(오레가노, 로즈메리, 회향, 타임 등)를 병에 가득 채운다.

3 허브가 다 잠기도록 병목까지 식용유를 채워 어둡고 서늘한 상온에서 일주일 이상 우렸다가 사용한다.

두유 요구르트

요구르트는 후식이나 간식 외에도 샐러드드레싱으로 사용하거나 빵이나 과자를 만들 때 넣으면 좋다. 두유 요구르트는 일반 요구르트와 만드는 법이 유사하여 누구라도 만들 수 있다. 단, 두유 요구르트를 만들 때는 두유를 콩째로 갈아 만든 것보다 콩비지를 걸러 낸 것이 더 적합하다.

재료

집에서 직접 만든 콩물 1L
(혹은 시판하는 무가당 두유)
요구르트 125ml(혹은 요구르트용 유산균)

만드는 법

1 두유는 미지근하게 데워 요구르트와 잘 섞는다.

2 1을 125~150ml 크기의 작은 유리병에 나눠 담는다.

3 2를 30~35°C정도의 온도가 유지되는 곳에서 6~8시간 발효시킨다.

4 완성된 요구르트는 시원한 곳에서 보관한다.

*완성된 요구르트 중 1병은 다음 번 제조를 위해 별도로 보관한다.

설탕

공정무역 가게에서 사탕수수로 만든 유기농 비정제 설탕을 사 먹어 보면 사탕수수즙 그대로의 진짜 설탕 맛을 경험할 수 있다.(유기농 비정제 설탕은 마다가스카르산 설탕이 유명한데, 한국 공정무역 연합과 공정무역 가게 '울림' 등에서 구입할 수 있다.) 비정제 설탕은 시판되는 일반 정제 설탕에 비해 단맛이 다소 떨어지지만, 각종 비타민과 무기질이 풍부하고 캐러멜 향이 약간 난다.

그에 반해 시중에서 쉽게 구할 수 있는 정제 설탕(백색, 황색, 흑색 설탕)은 당 이외의 영양소가 대부분 제거되어 체내 당 흡수가 매우 빨라 혈당을 높이기 쉽고, 대사를 위해 몸속 무기질을 도둑질하는 비자연적인 재료다. 따라서 요리나 샐러드드레싱에 사용하는 당은 비정제 설탕이나 집에서 만든 각종 효소, 조청, 아가베시럽, 단풍나무시럽, 비정제 설탕 등 취향에 맞는 재료를 택한다.

조청은 그 특유의 맛과 색 때문에 샐러드드레싱으로 적합하지 않지만 진한 허브 맛간장과 발사믹 식초 등의 혼합 소스에는 잘 어울린다. 또 오렌지 껍질이나 귤 껍질을 잘게 썰어 조청이나 시럽 등에 껍질이 잠기도록 담아 둔 것이나 모과 절임, 유자청도 샐러드드레싱에 넣을 당으로 활용할 수 있다. 그러나 당뇨나 다이어트 등의 이유로 당을 제외하고 싶은 경우에는 달콤한 허브 잎을 진하게 우린 찻물이나 잎 전체를 빻아 만든 가루를 사용하는 것도 방법이다.

김치

커다란 김치독을 땅에 묻는 전통 방법을 따르지 않는 이상 냉장고 없이 김치를 수개월 저장하는 것은 쉽지 않다. 그럼에도 지하나 반지하 저장고가 따로 있거나 그늘지고 서늘한 집 안 한구석을 냉장고 대신 식료품 저장고로 사용하고 싶은 이들을 위한 김치 보관 요령을 소개한다.

1 김치를 큰 김치통에 한꺼번에 넣어 보관하는 대신 1~2L들이 유리병이나 도자기 용기에 나눠 담아 저장한다. 용기는 뚜껑이 완전 밀봉되지 않고, 발효 가스가 새어 나올 수 있는 틈이 있는 것으로 한다. 뚜껑은 철제가 아닌 플라스틱, 유리, 도자기 등 소금기에도 손상이 없는 것을 택한다.
2 김치를 담고 나서 적어도 2cm이상 김치 국물을 붓고, 시간이 지나도 건더기가 국물에 잘 잠겨 있도록 이쑤시개나 나무젓가락 등으로 잘 눌러 놓는다.
3 반년 이상 오래 저장할 김치병은 뚜껑을 닫기 전에 재래식 간장이나 허브 맛간장 1작은술을 뿌려 둔다.

김치 보관을 잘하는 요령은 공기와의 접촉을 최소화하는 것이므로 며칠 혹은 몇 주씩 먹을 분량을 소분하여 저장하는 것이 좋다. 김치 국물은 내용물이 잠기도록 넉넉히 부어야 쉽게 상하지 않는다. 또 반년 이상 장기간 저장하여 먹을 수 있는 김치는 단단한 가을 채소로 약간 짭짤하게 담은 김장용 배추김치나 무김치 정도가 적당하다. 재료가 쉽게 물러지는 오이소박이나 부추김치는 장기 보관이 쉽지 않다. 김치 양념에 고수 씨앗을 빻아 가루로 낸 것을 넣거나 김치를 나눠 저장할 때 깨끗이 씻어 물기를 제거한 포도 잎을 한두 장 넣어 두면 발효를 늦출 수 있다.

장아찌

간장이나 고추장 등에 절이는 각종 장아찌는 비교적 장기간 보관할 수 있다. 우리 집 켈러에는 이 년 전에 담가 둔 간장 깻잎 장아찌가 몇 병이나 있다. 나는 장아찌 종류를 담을 때도 350ml나 500ml짜리 유리병에 나누어 담는데, 이렇게 하면 공기 접촉이 차단되어 장기 저장에 좋다. 염장 식품 역시 유리 뚜껑이 달린 병이나 플라스틱 뚜껑이 달린 병을 사용하는 것이 좋다. 경험상 철제 뚜껑은 플라스틱 비닐로 보호막을 둘러도 뚜껑이 녹슬고 부식되는 경우가 잦았다.

간장 장아찌의 대표 격인 깻잎 장아찌는 서리가 내리기 전에 잎을 따서 유리병에 차곡차곡 눌러 담아 알코올(맥주나 포도주 또는 청주)과 재래식 간장을 1:1 비율로 섞은 것을 부으면 끝이다. 이렇게 만든 깻잎 장아찌는 김치처럼 밑반찬으로 먹어도 좋고, 두부전골 같은 찌개 요리를 할 때 넣고 끓이면 따로 간을 할 필요가 없다. 깻잎 향이 국물의 풍미를 더하는 건 말할 것도 없다.

고추장 장아찌는 기호에 맞는 채소(양배추, 비트, 무, 당근, 마늘 등 원하는 대로)를 씻어 물기를 제거한 뒤에 먹기 좋은 크기로 썰어서 소금에 절인다. 절인 채소는 물기를 빼고 반나절 꼬들꼬들하게 말려 고추장과 섞은 뒤에 용기에 담아 보관하면 완성된다. 고추장 장아찌는 양념하지 않은 마른 생김을 덮어서 공기를 차단하면 장기간 저장하기에 좋다.

건강한 사회를 위한 책임 있는 소비

독일 공정무역 상점 '벨트라덴'

기호식품은 아프리카와 동남아시아 등 열대지방이 원산지인 경우가 많다. 미묘한 차이로 음식 맛을 결정짓거나 한 단계 높여 주는 각종 향신료와 생활에 꼭 필요한 것은 아니지만 혀를 즐겁게 하는 커피와 초콜릿 등이 그렇다. 우리는 수입품보다 직접 재배하거나 인근에서 생산한 식품을 선호하지만 국내에서 구할 수 없는 몇몇 식품을 사러 종종 공정무역 상점인 '벨트라덴'을 찾는다. 주로 구입하는 품목은 초콜릿과 유럽에서 생산되지 않는 양념거리와 캐슈너트, 퀴노아 등이다. 이중 초콜릿은 꽤 정기적으로 소비하는 기호식품인데 스스로에게 꽤 엄격한 다니엘이 초콜릿을 좀처럼 끊지 못하기 때문이다. 특히 논문 등으로 스트레스가 극심한 때에는 '사치스러운 생존 용품'이기도 하다.

벨트라덴은 공정하게 생산된 상품을 수입하여 판매하는 전문 상점이다. 정식 명칭은 아이네 벨트라덴Eine Weltladen으로 '하나의 세계 상점'이란 뜻이다. 벨트라덴과 협력하고 있는 업체는 시장 경제 논리를 앞세워 생산자들을 착취하는 대신 그들에게 공정한 임금을 지불하고 생산자와 그 가족들의 건강하고 행복한 삶을 위해 생산 지역의 여건 개선에 투자한다. 이를 바탕으로 곡식이나 견과류 같은 농산품에서부터 말린 과일과 초콜릿, 와인 등의 가공식품, 악기나 독특한 장신구, 도자기, 폐지를 이용한 공예품, 재활용 비닐포장으로 만든 가방 같은 수공예품까지 다양한 품목들을 개발, 판매하고 있다. 벨트라덴은 이렇게 공정한 소비를 하고자 하는 북반구의 소비자와 남반구의 생산자를 잇는 다리가 되어 모두가 함께 사는 건강한 사회를 만들고자 노력한다.

벨트라덴의 시작은 1971년 설립된 독일 최초의 공정무역 단체로 거슬러 올라간다. 식민지 착취 보상을 위한 당시 독일 정부의 제3세계 개발 원조 정책에 반대한 개신교 청년 노동 협회와 카톨릭 청년회 회원으로 구성된 3만 명이 70여 개 도시를 돌던 기아 행진을 바탕으로 태어났다. 당시는 의식 있는 젊은이들이 오일 쇼크로 인한 차량 운행 제한 정책과 베트남전이나 쿠데타로 국민을 탄압한 칠레 정부의 만행 등 제3세계 불의에 촉각을 곤두세우던 때였고, '원조 대신 무역'을 주창하는 공정무역 운동은 당연한 일이었다.

1973년 슈투트가르트에서 첫 벨트라덴이 문을 연 이후 2016년 현재 약 800개 벨트라덴에서 3만여 명이 일하고 있다. 이외에도 특정 상점에 소속되지 않은 6천여 개 활동 그룹이 있는데, 벨트라덴과 활동 그룹에서 일하는 이들 대부분은 무보수로 일하는 자원 활동가다. 지난 사십여 년간 자원 활동가의 활동으로 유지된 벨트라덴은 운영비를 제한 순수익금의 대부분을 다양한 활동과 프로젝트에 투자한다.

단순히 공정무역 제품 판매를 넘어 시민 교육이나 각종 캠페인, 생산자 자립 직접 지원 등을 펼쳐 온 벨트라덴. 개인의 부의 축적이 궁극적인 목적인 일반 상점과는 분명 다를 수밖에 없다.

돈보다 사람, 관계와 소통이 있는 곳

최근에는 독일 대형마트나 할인마트 등 일반 상점 어디에서도 공정무역 제품을 볼 수 있다. 그래서인지 독일 내 공정무역 거래는 눈에 띄는 성장세를 보이고 있다. 공정무역포럼에서 2016년에 펴낸 '공정무역 최신 발전 동향'에 보면 2005년에서 2015년까지 독일 내 공정무역 총매출은 1억 2천 1백만 유로(한화로 약 1천 509억 원)에서 11억 3천 9백만 유로(한화로 약 1조 4천 204억 원)로 94배나 늘었다. 하지만 이중 벨트라덴과 활동 그룹에서 올린 매출은 67퍼센트 정도로 공정무역을 널리 알린 공로에 비

향신료, 초콜릿, 커피, 퀴노아 등 이국적인 식품 외에도 각종 장신구와 가방 등 액세서리까지 공정하게 생산된 다양한 물품이 있는 벨트라덴

하면 보잘 것 없는 수준이다. 총매출의 상당 부분을 일반 마트에서 판매하는 공정무역 제품이 차지하는데, 마트 전체 제품 중 공정무역 제품의 비중은 1퍼센트에 불과하다. 뿐만 아니라 일반 마트에서는 공정무역 제품 인증에만 초점을 맞추고 가공에서 운송 및 판매까지의 과정에 대한 가치는 전혀 고려하지 않아 공정무역이 기업의 새로운 마케팅 전략과 돈벌이 수단으로 전락하고 말았다는 비판도 일고 있다.

벨트라덴에 가 보면 '전문 상점이니 가격이 매우 비쌀 것'이란 편견과 달리 일반 마트나 유기농 가게보다 저렴한 유기농 공정무역 제품이 많다. 그곳에서 일하는 활동가들은 돈이 아닌 더 나은 세상을 위하는 순수한 마음과 세상을 향한 열린 마음을 갖고 있어 그들과 한 번 이야기를 나누다 보면 시간 가는 줄 모른다.

소통과 관계가 있는 곳, 벨트라덴이 물품과 소비만 있는 일반 대형마트보다 훨씬 좋은 이유다.

CHAPTER 4

salad

생태 밥상의 시작은 샐러드

돌고 도는 텃밭에서 배우는 순환의 삶

우리 집 텃밭을 본 사람들의 반응은 크게 두 가지로 나뉜다. 잡풀이 어우러져 자라는 야생 그대로의 모습에 놀라 '우아!' 하고 탄성을 지르거나 이게 웬 잡초밭인가 싶어 '헉!' 하고 말문이 막히거나.

하지만 텃밭 안을 자세히 살펴보면 쓸데없는 잡초라고 부르는 야생초들도 모두 쓸데가 있고, 우리 밥상에서는 나름 한자리 크게 차지한다. 그것들은 철마다 번갈아 가며 꽃을 피워 온갖 곤충들을 텃밭으로 불러들이고, 깊고 넓게 뿌리 내려 텃밭 토양을 부드럽게 하고 땅이 숨 쉴 수 있게 한다. 이웃 작물에 긍정적인 영향을 미치는 건 물론이요, 잘라 내 멀칭으로 쓰거나 액비를 만들기도 하니 그 쓰임새가 얼마나 많은지 모른다.

텃밭사 새옹지마

독일은 겨울이 되면 케일이나 근대 같은 겨울 채소를 제외하고는 땅에서 나는 싱싱한 채소가 턱없이 부족하다. 그래서 보통은 가을에 만든 저장 채소나 병조림, 새싹 샐러드로 해결한다. 그런데 2014년 초 할레의 겨울은 아주 온화했다. 두꺼운 얼음이 얼고 추워서 밖에 나가기 꺼려지는 날이 손으로 꼽을 정도였다. 샐비어며 타임 같은 허브와 아기별꽃 같은 야생초가 끊임없이 자라 식탁이 늘 풍성했다. 이삼 일에 한 번 수확해 먹어도 부족함이 없을 정도였다. '올겨울은 하늘이 우리 부부에게 주신 축복이고 선물'이라며 나는 겨우내 신나게 보냈다. 하지만 이것이 지구 온난화의 영향이었을 줄이야!

문제는 봄이 오고 텃밭에 씨를 뿌리는 3월이 되면서 나타났고, 이듬해 우리 집 텃밭 농사에 미친 파급 효과는 실로 엄청났다. 더욱이 비 한 방울 내리지 않는 가문 날씨까지 더해져 텃밭 농사 사 년 만에 처음으로 초봄 농사를 실패했다. 3월 초에 씨를 뿌리면 5월 중순쯤에는 상추며 완두콩, 녹비로 뿌려 둔 서양냉이나 겨자 등 온갖 샐러드 거리가 넘쳐 났는데……. 갖가지 야생초는 말할 것도 없고.

민달팽이의 습격

2015년 봄에는 극심한 가뭄과 더불어 겨울을 견디어 살아남은 거대 민달팽이까지 우리 집 텃밭에 들이닥쳤다. 지금 생각해 보면 가뭄은 어떡하든 넘길 수 있는 일이었는데, 텃밭에 자자손손 대가족을 이룬 거대 민달팽이는 그야말로 공포의 서식자였다. 굵기가 성인의 엄지손가락쯤 되는 굵기의 민달팽이. 개중에 큰 놈은 몸을 죽 늘어뜨리면 길이가 내 손바닥 한 뼘이 넘을 정도의 거구였다. 민달팽이는 텃밭 작물을 닥치는 대로 먹어 치웠다. 막 옮겨 심은 모종의 여린 잎은 물론이고, 일찍 뿌려 둔 상추 등 샐러드거리들은 새싹이 올라오는 족족 자취를 감췄다. 한여름에는 이미 크게 자란 토마토며 울타리콩 줄기, 심지어는 야생초와 다년생 관목까지 피해를 입지 않은 곳이 없었다.

매일 아침저녁으로 10L짜리 양동이의 절반이 넘게 잡아들여도 거대 민달팽이는 당최 줄어들 기미가 없었다. 끊임없이 씨를 새로 뿌리고 모종을 옮겨 심느라 전년보다 5배 이상의 씨앗을 뿌렸는데 작물이 자라지 않아 나는 크게 좌절했다.

독일 거대 민달팽이

아무리 생각해도 뼈아픈 경험이다. 하지만 적당한 시기에 찾아온 민달팽이들에게 지금은 오히려 감사한다. 만일 한 번의 실패도 없이 승승장구하며 텃밭 농사를 지어 왔다면 나도 모르게 '내가 잘해서 잘되었다'는 자만심이 들었을지도 모른다. 또 더 큰 어려움이 왔을 때에 허둥대고 제대로 대처하지 못했을지도 모른다.

그래도 자연은 샐러드를 주셨다

우리가 혹독한 시련을 겪는 동안에도 자연은 다년생 허브와 야생초들을 풍족하게 내주었다. 그래서 상추 같은 샐러드용 야채 없이도 돌나물, 아기별꽃과 각종 야생 허브만으로 맛있는 샐러드를 매일 먹을 수 있었다. 평소 남들처럼 잡초를 뽑아내고 밭을 골라 부지런히 봄을 준비했다면 극도의 스트레스를 받으면서 쫄쫄 굶어야 했을지 모른다. 그에 비하면 이 얼마나 감사한 일인지!

농사가 잘되도록 계획하고 노력하며 애정을 기울이는 것은 인간의 몫이지만, 자연의 순리에 따르며 텃밭 농사를 짓는 것은 결국 자연의 뜻이라는 생각마저 든다. 씨를 뿌리지 않아도, 가뭄이 들어도, 공격적인 거구의 민달팽이가 작물을 다 먹어 치워도, 끊임없이 올라오는 야생초와 이른 봄 제일 먼저 고개를 내미는 다년생 작물들이 자연의 목소리를 대변하는 것이다.

우리가 추구하는 '자연 그대로의 삶'처럼 우리 집 텃밭도 있는 그대로의 자연이 숨 쉬고 있다. 그리고 우리 집 샐러드에 고스란히 녹아든다.

샐러드는 사랑입니다

우리의 샐러드 사랑은 신혼살림을 차린 에베르스발데 시절로 거슬러 올라간다. 우리가 처음부터 분명한 의도를 갖고 샐러드를 먹기 시작한 것은 아니다. 대학에 들어간 이듬해부터 남편이 주축이 되어 시작한 에베르스발데 퍼머컬처 가든 프로젝트는 당시 우리 집 밥상의 중요한 식재료 공급원이었다. 문제는 이곳이 숲 한가운데에 위치하여 연중 기온이 다소 낮고, 모래밭을 방불케 할 정도로 척박한 사질 토양을 가졌다는 것이다. 물 대기가 쉽지 않은 상황에서 수분 공급은 대체로 빗물에 의지했다. 물과 영양이 듬뿍 필요한 일반 채소가 잘 자라기에는 무리가 있었는데, 야생초와 다년생 허브는 그 척박한 땅에서 가뭄과 추위를 이기고 자라났다. 그래서인지 향도 강하고 맛도 좋았다.

더욱이 당시는 자급자족이 아니면 최대 반경 100km이내 지역 농산물만 먹겠다는 의지와 열정이 한없이 불타오르던 때였다. 그래서 무한대로 수확이 가능했던 야생 허브를 다양한 방법으로 각종 요리에 원 없이 넣어 먹었다. 찌거나 무쳐 감자나 곡물 요리에 곁들이고, 매 끼니마다 생생한 야생 허브 샐러드를 잊지 않고 먹었다. 빵 위에도 야생 허브 샐러드를 가득 얹어 먹었다.

돌이켜 생각해 보면 나는 가족과 친구 들을 한국에 두고 이역만리 타향살이를 시작한 무렵이었고, 남편도 학생이었던지라 경제적으로 꽤 빠듯하던 시절이었다. 그래서 생태적으로(더불어 경제적으로) 먹고 살기 위해 여러 궁리를 하며 살다 보니 샐러드는 우리 집 단골 메뉴가 되었다.

어쨌든 그때 몸에 밴 식생활은 우리 부부에게 꽤 긍정적인 영향을 미쳤다. 기후가 다르고 물이 다른 곳에서 시작된 생활임에도 특별히 아픈 데 없이 건강하게 생활할 수 있었던 것도 다양한 야생초가 천연 종합 영양제 역할을 톡톡히 해냈기 때문이다.

풍성한 샐러드를 위한 물의 순환

대학 시절에는 의식하지 않고 채소 씻은 물은 한데 모아서 화분에 주곤 했다. 그때는 부식거리를 마련하려고 양념용 허브와 고구마 잎 등을 키웠는데, 채소를 씻으며 떨어진 토마토나 파프리카 씨앗이 화분에 들어가 의도치 않은 새로운 작물이 자라나기도 했다. 나중에 절로 자란 작물을 보고 어찌나 놀랐던지! 이 메마른 대도시에서 험난한 삶을 헤쳐 나가라고 주신 자연의 선물이라며 한동안 감사한 마음으로 받아먹었다. 이를 토대로 '이 시대를 살아가는 나만의 비법'이라는 제목의 졸업 작품을 완성할 수 있었다.

지금도 콸콸 흐르는 물에 채소를 씻는 대신 그릇에 물을 받아서 씻는 것을 기본으로 한다. 필요하면 마지막에 몇 번 졸졸 흐르는 물에 더 헹군다.(상추나 깻잎 같은 각종 샐러드 잎을 씻는 데 매우 효과적이다.) 식재료에 붙은 이물질은 미리 받아 놓은 물에 여러 번 흔들어 씻거나, 식재료용 솔로 박박 문질러 마지막에 두어 번 깨끗한 물로 헹궈 주는 것만으로 충분하다. 이렇게 채소를 씻는 방법만 조금 바꿔도 물은 상당량 절약할 수 있다.

우리는 야생초뿐 아니라 그것들의 생존을 위한 수분 유지에는 꽤 신경을 쓰는 편이지만 우리가 사용하는 물에는 꽤 엄격한 잣대를 들이댄다. 내심 물을 절약하고 아껴 쓰는 편이라고 자부하고 있었음에도 부엌의 하수를 모아 수세식 양변기에 사용해 보니 우리가 생각보다 물을 많이 소비하고 있다는 걸 알았다. 지금은 실내 퇴비 화장실을 쓰고, 텃밭에는 빗물 저장 탱크 여러

개를 두고 써서 전보다 물 사용량이 크게 줄었다. 그러나 우리가 주장하는 생태적인 삶이나 순환의 삶을 논하기 이전에 경제적인 면만 생각한다고 해도 물을 재사용하는 것은 생활에 큰 도움이 될 것이다.

텃밭에서 전채 요리를

다니엘은 할레로 이사 온 뒤 할레 대학에서 박사 과정을 밟으며 연구원으로 일하고 있다. 나는 학교로 출퇴근하는 다니엘에게 따뜻한 아침 밥상을 차려 주고, 도시락을 챙겨서 출근 준비를 돕고 나서 텃밭으로 향한다. 남편과 함께 있는 공휴일이나 주말을 제외하고는 보통 아침 겸 점심과 저녁, 하루에 두 끼를 먹는 편인데 그중 한 끼는 꼭 샐러드를 챙겨 먹는다. 샐러드드레싱을 따로 만들어 메인 요리에 곁들여 먹기도 하고, 텃밭에서 막 수확한 각종 샐러드를 쓱쓱 잘라 빵에 얹어 먹기도 한다.

아침나절 텃밭에서 몸을 쓰다 보면 슬슬 허기가 진다. 그럴 때면 당장 꼬르륵 소리도 없애고, 나만의 코스 요리를 시작하는 기분으로 마음에 드는 샐러드와 꽃 등을 따 먹으며 애피타이저를 즐긴다. 입맛을 돋우는 씁쓸한 쑥과 세이지 잎을 시작으로 짭짤한 케일 잎을 따 먹기도 한다. 건조한 날씨에 꽃대가 일찍 오른 무꽃이며 씨를 품고 있는 여린 무 씨방과 무잎, 수분 충전을 할 요량으로 돌나물을 따 먹을 때도 있다. 토마토며 오이 등 갓은 채소가 익어 가는 한여름에는 빨갛고 노란 방울토마토 한 줌으로 목을 축이고, 허기를 채울 수도 있다.

텃밭은 포만감을 줄 뿐 아니라 영혼도 풍요롭게 해 준다. 샐러드 준비를 위해 텃밭에서 바구니를 끼고 이것저것 수확하다 보면 마음도 충만해진다. 음식은 입뿐만 아니라 눈과 코로도 즐긴다는데, 텃밭의 다채로움이 내 안의 여

러 감각을 충족시켜 주는가 보다. 다양한 야생초와 허브를 눈으로 음미하고, 흙냄새와 풀냄새, 꽃내음을 맡으면 심신이 상쾌해진다. 수확하면서 한 잎 두 잎 맛보는 중에 손과 혀로 자연을 느끼면서 마음까지 충만해지는 것이다. 여기에 벌이 꽃을 찾아 날아드는 소리, 이름 모를 새가 지저귀는 소리, 딱따구리 부부가 나무를 쪼는 소리는 소소한 기쁨을 더한다.

온갖 샐러드가 넘쳐나는 여름은 물론이고, 한겨울에 텃밭에서 겨울 채소며 엄동설한에도 살아남아 눈이 녹은 자리에 모습을 드러내는 몇몇 야생초와 허브를 수확하고 있노라면 자연의 기운이 내 안에 그대로 들어오는 듯한 기분마저 든다.

유기농 소농장의 주인은 바로 나

맛과 향이 강한 허브와 야생초가 잘 어우러진 맛있는 샐러드를 위해서는 중립적인 맛의 샐러드 베이스가 필요하다. 나는 샐러드의 기본을 오이와 '돼지호박'이라 불리는 주키니 호박, 잎채소에서는 여러 종의 상추나 청경채, 혹은 어린 배춧잎, 아기별꽃과 돌나물 등으로 한다. 한 종류만 선택해 샐러드 허브와 섞어 깔끔한 맛을 내도 좋지만, 두세 가지 섞어서 쓰면 좀 더 색다른 샐러드를 만들 수 있다.

허브 중 민트류는 향이 강해서 주로 음료를 만들 때 많이 넣고 음식에는 잘 사용하지 않는다. 다만 애플민트와 파인애플민트는 비교적 부드러운 맛과 향을 지니고 있어 샐러드의 고명으로 어울린다.

이런 식재료들은 텃밭에서 자급자족하는 것이 가장 이상적이지만, 그렇지 못한 경우에는 옥상이나 베란다, 혹은 볕이 잘 드는 창가에 화분을 두고 키울 수 있다. 집 안 귀퉁이에서 간단한 양념거리라도 키워 먹다 보면, 식비 절감은 물론 싱싱한 고급 재료를 바로바로 공수해 먹는 '이동식 유기농 소농장'의 주인이 될 수 있다.

허브나 야생초를 손쉽게 키우는 요령은 큰 화분에 여러해살이 작물 위주로 간격을 두고 심는 것이다. 작은 화분에 따로 키우는 것보다 큰 화분에 두세 가지를 섞어 심으면 흙이 금방 마르지 않아 물을 자주 줄 필요가 없다. 뿌리가 뻗어 나갈 공간도 커서 식물이 자라는 데 좋다.

요리에 자주 쓰이는 실파(차이브)와 부추, 어떻게 해 먹어도 맛있는 돌나물과 나물이나 샐러드에 모두 활용할 수 있는 민들레, 샐러드나 이탈리아 요리 및 한식 반찬과도 잘 어울리는 타임, 로즈메리, 회향(펜넬), 방아잎(배초향), 오레가노, 음료용으로 좋은 세이지, 레몬밤과 각종 민트류는 한국에서도 어렵지 않게 구할 수 있다. 씨를 사다 직접 심거나, 화원에서 파는 허브 화분을 사다가 큰 화분에 함께 심어 두면 아주 간단히 양념 화분 텃밭이 생길 것이다.

화분을 구성할 때 바닥을 덮는 돌나물이나 타임, 위로 길게 자라는 회향이나 방아잎 등을 섞으면 공간 활용도가 높다. 공간이 충분하다면 해를 거듭할수록 울창해지는 오레가노, 레몬밤, 세이지나 뿌리줄기를 가로로 길게 뻗으며 왕성히 번식하는 걸 화분 하나당 한 종류씩 길러 보는 것도 좋다. 오레가노, 레몬밤, 민트류는 수확하고 남은 줄기에서 새로 줄기를 피워 올려 왕성히 자라니 잘만 관리하면 연중 내내 수확할 수 있다.

앞서 소개한 식물 대부분은 볕이 좋은 곳에 놓으면 물을 주는 것 외에는 크게 신경 쓸 일 없이 절로 잘 자라는 여러해살이 작물이고, 추위에도 강하다. 설령 겨울에 화분 들여놓는 것을 깜박하여 지상부가 사그라들더라도 다음 해에는 가지가 새로 돋아난다.(단 로즈메리는 영하를 밑도는 추운 날씨에 민감하니 겨울에는 반드시 실내에 들여 놓는다.)

싹이 난 저장 양파나 마늘, 고구마도 한구석에 심어 두면 별다른 노력 없이도 밥상을 풍요롭게 만들어 준다. 파릇파릇한 양파 싹은 파 대신 쓸 수 있고, 푸른 마늘잎은 마늘 향이 그대로 살아 있으면서도 먹고 난 뒤에 마늘 냄새가 남지 않아 활용도가 높다. 고구마 잎과 줄기는 무성하게 자라기를 기다렸다가 나물로 데쳐 먹거나, 한 줌씩 잘라 된장국에 넣어도 좋다.

집 근처 텃밭이나 마당에 식용 작물을 키우는 이들이 있다면, 앞서 언급한 대로 다양한 식물 성장 패턴을 이용해 식물 구성을 해 보자. 밭 가장자리에는 벌과 나비 들을 불러들이는 키 작은 오레가노나 레몬밤 같은 허브를 드문드문 심어 해충의 피해를 줄인다. 또 뿌리줄기 번식력이 왕성한 민트류는 작물 텃밭에서 멀찍이 떨어진 공간에 두고, 텃밭에 여유가 있어 상징적인 구조물을 더하고 싶다면 나무와 돌을 이용해 허브 스파이럴(나선형으로 만든 인공 텃밭)을 만들어 보는 것도 좋다.

허브 스파이럴은 중앙으로 갈수록 높아지도록 돌을 쌓고 그 안에 돌과 자른 통나무를 쌓아 퇴비와 흙을 섞어 채워 주면 된다. 쌓아 놓은 돌이 낮 동안 저장한 태양열을 뿜어내고, 통나무도 퇴비화하면서 열기를 내뿜어 높은 온도의 환경을 좋아하는 허브들이 살기에 좋은 환경이 된다. 중앙 가장 윗부분에는 강렬한 태양과 건조한 곳을 좋아하는 로즈메리나 세이지 같은 식물을 심고, 스파이럴이 풀려 내려가는 아래로 갈수록 습기를 좋아하는 민트류를 심는다. 스파이럴 끝에 작은 연못을 만들어 수중에서 자라는 허브류를 두기도 한다.

집집마다 저절로 찾아드는 야생초

화분을 준비해 식물을 기르기 시작하면 화분마다 야생초가 올라오기 시작한다. 손쉽게 볼 수 있는 식용 야생초로는 민들레, 아기별꽃, 괭이밥, 명아주, 질경이 등이 있다. 밭이나 화분에서 올라오는 야생초는 거의 먹을 수 있는 것들이다. 단 흙을 가져온 곳의 생태계와 키우는 곳의 환경에 따라 올라오는 야생초가 제각각이니 경험이 없다면 전문가에게 상담하거나 책이나 자료 등을 찾아 충분히 알아본 후 음식에 활용한다.

입에는 쓰지만 몸에는 좋은 민중의 꽃 민들레

민들레

민들레는 뿌리부터 잎, 꽃대, 꽃, 씨앗까지 어느 것 하나 버릴 게 없다. 겨우내 화분에 심어 두고 상온에서 길러 겨울 샐러드로 먹기에 적합하여 겨울철 밥상에 아주 중요한 식물이다. 우리가 아는 노란 꽃을 피우는 건 엄밀히 말하면 서양 민들레다. 토종 민들레는 소박한 아름다움을 뽐내는 흰 꽃을 피운다. 어쨌든 민들레는 동서를 통틀어 민간 의학과 부엌에서 활용도가 꽤 높다. 독일에서는 예로부터 민들레 뿌리를 볶아 가루를 내어 커피 대용으로 마셨다고 한다. 요즘에는 뿌리와 잎을 잘게 썰어 뜨거운 물에 우려 간편하게 약차로 마시기도 한다. 민들레 차는 소화를 돕고 피를 맑게 하며 간에 좋다. 그래서인지 몸이 피곤할 때 민들레 차를 한 잔 마시면 피로가 싹 풀린다.

샐러드에 별을 뿌리다

아기별꽃은 독일어로는 '포겔미레Vogelmiere'라고 하고, 영어로는 '치크위드chickweed'라고 한다. 확인된 바는 없지만 이름만 보면 닭과 새 들이 어지간히 좋아하는 풀이 아닐까 싶다.

나는 아기별꽃을 오이맛 나는 야생초라고 소개한다. 향과 맛이 강하지 않아 샐러드 주재료로 쓰기에 아주 좋다. 초봄과 늦가을에 통통하게 물이 오른 여린 잎의 상큼한 맛은 마트에서 파는 상추에 비할 바가 아니다. 푸른 잎과 줄기 사이사이에서 엿보이는 하얀 아기별꽃은 밤하늘에 떠 있는 작은 별처럼 반짝인다.

괭이밥이 행운의 클로버라고?

괭이밥은 신맛이 나는 야생초인데, 샐러드에 괭이밥 잎과 꽃을 넣으면 드레싱에 식초를 가미하지 않아도 새콤한 맛이 난다. 다만 생김새가 클로버와 비슷해서 '행운의 네잎 클로버'로 착각하는 경우가 많다.(분명히 말하지만, 괭이밥과 클로버는 다른 식물이다.) 둘 다 식용이 가능하기 때문에 헷갈려도 큰 문제는 없지만, 꽃 모양과 맛을 보면 확연하게 구분이 간다. 괭이밥은 잎 색이 연녹색에서 자주빛까지 다양하고, 잎을 포함한 몸체에서 신맛이 난다. 또 노랑이나 자주색의 작은 꽃들은 고개를 숙이고 있다. 클로버는 주로 3장짜리 진녹색잎에 작은 꽃들이 모여 구슬 모양의 덩어리를 이루는데 풀꽃 반지를 만들 때 많이 쓰인다. 토끼가 좋아한다고 해서 '토끼풀'이라고 부르기도 한다. 잎이 좀 뻣뻣하고 맛이 텁텁하여 음식에는 소량만 넣는 것이 좋다.

괭이밥

클로버

눈과 코로 음미하고 입에 담는 식용꽃

'먹을 수 있는 꽃'이라 하면 뭔가 외국 식물이나 허브에만 국한될 것 같지만, 식용 가능한 모든 식물에서 피어나는 꽃은 대부분 먹을 수 있다. 배추, 케일, 무 같은 채소 꽃이나 상추, 치커리, 깻잎, 겨자잎 같은 잎채소의 꽃, 방아잎, 제비꽃, 민들레, 괭이밥, 달맞이꽃 등 식용 가능한 야생초의 꽃과 각종 파와 허브의 꽃 들도 모두 먹을 수 있다. 인위적으로 교배를 시키지 않았다면 장미과 꽃들도 식용이 가능하고, 자연적으로 교배되어 자란 카네이션과 꽃들도 음식에 활용할 수 있다. 뿐만 아니라 팬지, 한련화, 마리골드, 무궁화 등 한국에도 잘 알려진 식용꽃들까지, 눈과 코로 음미하는 것 외에 직접 먹을 수 있는 꽃 종류는 무궁무진하다. 철마다 달라지는 식용꽃들을 잘 활용하면 다채롭고 시각적으로도 아름다운 샐러드를 만들 수 있다.

실파꽃

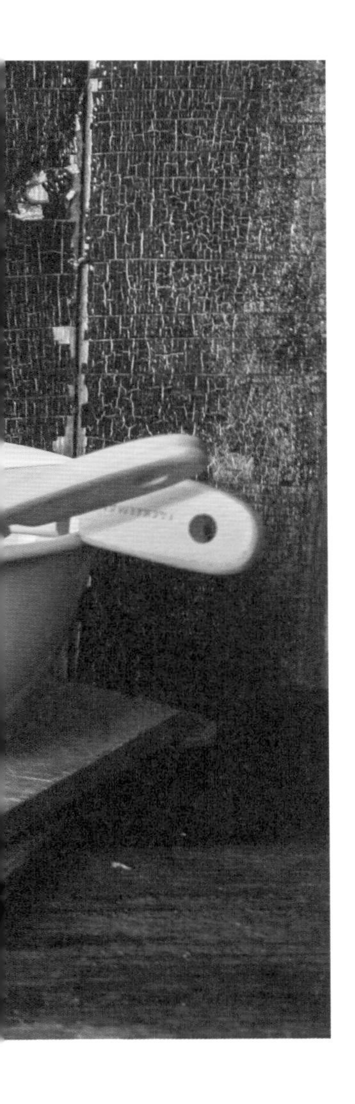

salad recipe

우리 집 샐러드는 정해진 레시피가 없다. 철마다 혹은 수확하는 날 기분에 따라 다르게 내놓을 수 있는 마법의 요리이기 때문이다.

야생 허브 샐러드

헤아릴 수 없이 다양한 샐러드 중 가장 먼저 선보이는 것은 우리 부부의 소울 푸드인 야생 허브 샐러드이다. 제대로 된 야생 허브 샐러드를 맛볼 수 있는 기간은 자연이 선물한 갖가지 야생 허브가 자신의 생명력을 왕성하게 내뿜는 5월 중하순부터 서리 내리기 전인 9월 말까지다.

그렇다고 늦가을부터 초봄까지 샐러드를 먹을 수 없다는 건 아니다. 초봄에는 아기별꽃이나 돌나물, 민들레 같은 야생초가 솟아오르기 시작하고, 각종 다년생 허브가 텃밭을 덮기 시작한다. 겨자나 서양냉이 같은 녹비식물의 잎 등은 겨우내 얼어붙은 몸과 마음에 생기를 준다. 늦가을에는 땅이 얼기 전에 수확한 각종 야생초와 가을걷이를 하여 켈러에 저장해 둔 돼지감자나 야콘 같은 뿌리채소로 해결한다. 눈 내리는 겨울에는 케일 잎과 영하에도 자라는 납작한 겨울 샐러드 잎으로 샐러드를 만든다. 엄동설한에도 푸른 잎이 살아 있는 세이지나 타임 등 몇몇 허브, 또는 새싹채소와 집 안에서 겨울을 난 로즈메리나 알로에 등을 섞어 재료 본연의 맛을 살린 야생 허브 샐러드를 만들 수 있다.

야생초나 허브를 구하기 힘든 경우에는 깻잎, 상추, 비트 잎, 적근대 잎 등 시중에서 구할 수 있는 각종 쌈채소 모둠으로 만들어도 좋다. 이때 유의할 점은 5가지 이상의 다양한 쌈채소 잎을 준비할 것!

우리 집에서는 감마리놀렌산이 풍부한 달맞이꽃 씨앗을 고명으로 자주 올린다.

재료(3~4인분)

오이 1/2개
주키니 호박 1/2개
토마토 2개
방울토마토 1줌
상추 1줌
야생초와 허브 3줌
오레가노, 로즈메리, 방아잎, 깻잎, 애플민트, 루꼴라, 쑥, 민들레, 치커리, 괭이밥, 클로버, 명아주, 질경이
무꽃, 민들레, 허브꽃, 괭이밥, 한련화 각 1작은술
참깨, 달맞이꽃 씨앗 각 1작은술

*샐러드에 들어가는 야생초와 식용꽃은 취향에 따라 바꿀 수 있다.

만드는 법

1 오이와 주키니 호박을 채 썬다.

2 방울토마토는 이등분하고, 중간 크기의 토마토는 이등분한 방울토마토와 같은 크기로 썬다.

3 상추는 손으로 찢거나 칼로 먹기 좋게 썬다.

4 야생초와 허브는 가지에서 잎만 떼어 쓴다.

5 맛이 강하지 않은 야생초는 손으로 대충 찢거나 칼로 두어 번 썬다.

6 쓰거나 향이 강한 허브(민들레나 치커리, 쑥이나 로즈메리)는 잘게 썬다.

7 1~6을 샐러드용 볼에 넣고 젓가락으로 고루 섞는다.

8 식사 전 7에 샐러드드레싱을 뿌린다.

9 샐러드 고명으로 식용꽃을 올리고, 참깨와 달맞이꽃 씨앗을 뿌린다.

드레싱 재료

양파 1/3개
마늘 1/4쪽
효소 허브 맛간장 1큰술
발사믹 식초 2큰술
조청 1큰술
올리브유 4큰술
잘게 썬 허브 3큰술
실파, 레몬타임,
오레가노, 로즈메리,
회향
통후추 간 것 약간

*드레싱에 들어가는 허브는 취향에 따라 바꿀 수 있다.

드레싱 만드는 법

1 효소 허브 맛간장, 조청, 식초, 올리브유를 넣고 잘 섞는다.

2 양파와 마늘은 사방 2mm 크기로 잘게 썬다.

3 잎이 작은 레몬타임은 통째로 넣고, 오레가노와 로즈메리는 잎만 뜯어서 잘게 썬다. 회향과 실파는 잘게 썬다.

4 1에 나머지 재료와 통후추를 갈아 넣고 잘 섞는다.

기본 샐러드

손님상이나 파티 요리에 빠지지 않는 것이 바로 기본 샐러드이다. '기본' 샐러드지만 잎채소만 내지 않고 파프리카나 오이, 토마토처럼 식감이 좋고 색이 예쁜 채소를 샐러드 사이사이에 켜켜이 쌓고, 고명으로 식용꽃을 올린다. 또한 오레가노나 루꼴라 등 향이 있는 허브를 섞어 내면 샐러드에 감칠맛이 난다. 잎채소는 상추나 양상추를 고집하지 않는다. 이른 봄에는 돌나물, 여름과 가을에는 상추와 양상추와 청경채, 겨울에는 잎이 노란 배추 속 등 제철에 맞는 재료로 바꿔 볼 수 있다.

집에서 바로 먹을 때, 양상추나 배추처럼 단단한 잎을 사용했다면 먹기 직전에 드레싱을 부어 낸다. 하지만 주재료가 상추처럼 여린 잎채소인 경우에는 드레싱을 부어 내면 채소의 숨이 죽으니 드레싱을 따로 뿌려 먹도록 한다. 손님상에 샐러드와 드레싱을 따로 내면 샐러드를 좀 더 신선하게 즐길 수 있다. 또 종류가 다른 드레싱을 두어 가지 더 준비하면 다양한 샐러드 맛을 낼 수 있다.

우리가 지인들 파티에 초대받을 때마다 준비해 가는 것도 기본 샐러드이다. 기본에 충실한 맛과 고명으로 얹은 식용꽃이 손님들의 시선을 사로잡는다. 취향에 따라 드레싱을 골라 먹는 재미를 더하니 우리 집 샐러드는 언제나 인기 만점이다.

재료(3~4인분)

기본 샐러드 채소 1/2통
오이 1/6개
방울토마토 4개
적색 파프리카 1/8개
황색 파프리카 1/8개
녹색 파프리카 1/8개
루꼴라 6장
오레가노 잎 1줌
식용꽃 1줌

드레싱 재료

양파 1/3개
마늘 1/4쪽
레몬즙 2큰술
아가베시럽 2큰술
올리브유 4큰술
소금 1/3작은술
채 썬 허브 3큰술
| 타임, 레몬타임,
| 오레가노, 회향,
| 실파
통후추 간 것 약간

*기본 샐러드 채소는 취향과 계절에 따라 양상추, 상추, 알배추 등을 준비한다.

*드레싱에 들어가는 허브는 취향에 따라 바꿀 수 있다.

만드는 법

1 양상추나 상추는 한입 크기로 손으로 찢는다. 배추를 쓸 경우 잎은 손으로 잘게 찢고, 대는 결반대 방향으로 5mm 두께로 썬다.

2 오이와 방울토마토는 원형으로 얇게 저민다.

3 파프리카는 2cm 길이로 채 썬다.

4 루꼴라는 파프리카 길이로 손으로 찢고, 오레가노는 입과 줄기를 분리한다.

5 미리 준비해 둔 샐러드 볼에 1을 얇게 깐다. 그 위에 방울토마토와 오이, 파프리카를 듬성듬성 올리고 그 위에 루꼴라와 오레가노 잎 4~5조각을 흩뿌린다.

6 샐러드 볼이 채워지도록 4와 5를 반복하고 나서 식용꽃으로 장식한다.(식용꽃이 없을 경우에는 다진 견과류를 뿌려 낸다.)

드레싱 만드는 법

1 드레싱 용기에 레몬즙과 소금, 아가베시럽, 올리브유를 순서대로 넣어 잘 섞는다.

2 양파와 마늘은 사방 2mm 이내로 잘게 썬다.

3 작은 허브 잎은 줄기에서 떼어 내 통째로 넣고, 잎이 넓적한 허브는 잘게 썬다.

4 1에 나머지 재료와 통후추를 갈아 넣고 잘 섞는다.

생채소 꼬치 샐러드

2012년, 다니엘이 농업신문Agrazeitung에서 주최한 농학상Agrapreis을 수상했다. 우리는 함께 연구한 동료들에게 감사 인사도 할 겸 학교에서 작은 파티를 열기로 했는데, 다니엘은 케이크 같은 다과류 없이 샴페인과 음료에 곁들일 핑거푸드나 과일 등으로 간단하게 준비하자고 말했다. 그리하여 고심 끝에 요기가 될 만한 핑거푸드로 탄생한 것이 바로 '생채소 꼬치 샐러드'이다.

독일에서는 훈제 유기농 두부를 쉽게 구할 수 있다. 바쁠 때는 훈제 두부를 사다가 채소를 씻고 썰어서 꼬치에 쓱쓱 꽂아 내놓으면 요리 완성! 생채소 꼬치 샐러드는 맥주나 와인, 샴페인 안주로 잘 어울리고, 채소가 듬뿍 곁들여져 맛이 담백하고 깔끔하다. 얇게 썬 빵을 꼬치에 곁들여 올리브유 허브 페스토를 살짝 뿌려 내면 전채 요리로도 손색이 없다.

재료(꼬치 9개)

두부 1/2모
오이 1/4개
적색 파프리카 1/4개
황색 파프리카 1/4개
녹색 파프리카 1/4개
방울토마토 9개
오레가노 잎 9장
씨 없는 그린 올리브 9개
깻잎 9장
효소 허브 맛간장 1/2컵
파슬리가루 1작은술
허브믹스 1작은술
적색 파프리카가루 1큰술
마늘가루 1/2작은술
통후추 간 것 약간

*깻잎은 취향에 따라 허브 잎으로 바꿀 수 있다.

만드는 법

1 두부는 18조각으로 깍둑썰기 하여 두부가 푹 잠기도록 효소 허브 맛간장을 붓고 서너 시간 절인 뒤 살짝 말린다.

2 두부 9조각에 파슬리가루를 골고루 묻히고 마늘가루와 통후추를 갈아 뿌린다.

3 두부 9조각은 허브믹스와 파프리카가루를 섞어 골고루 묻히고 마늘가루와 통후추를 갈아 뿌린다.

5 파프리카는 두부 크기로 9조각 썬다.

6 오이는 두께 1cm의 부채꼴 모양으로 9조각 썬다.

7 준비한 재료를 오이-적색 파프리카-두부(2번)-깻잎-황색 파프리카-두부(3번)-오레가노-녹색 파프리카-방울토마토-올리브 순으로 꼬치용 막대기에 꽂는다. 이때 깻잎은 두부 크기로 접어 꽂는다.

8 꼬치 위에 허브 페스토를 살짝 뿌린다.

소스에 활용하거나 빵 스프레드로도 활용 가능한 다양한 페스토

허브 페스토 재료

허브(취향에 따라 준비)
마늘 1/4쪽
소금 1/2작은술
올리브유 200ml
통후추 간 것 약간

허브 페스토 만드는 법

1 허브는 아주 잘게 썰거나 절구에 찧는다.

2 마늘은 잘게 으깨거나 허브와 함께 절구에 찧는다.

3 곱게 찧은 허브와 마늘에 소금과 후추를 넣고 잘 섞는다.

4 유리 용기에 3을 꾹꾹 눌러 담고 내용물이 잠길 때까지 올리브유를 붓는다.

주키니 호박 롤 샐러드

여름부터 가을까지 독일에서 손쉽게 구할 수 있는 채소로 주키니 호박을 빼놓을 수 없다. 텃밭이 없던 시절에도 그랬고, 텃밭 농사를 짓기 시작한 이후로도 마찬가지다.

우리 집 텃밭에서는 주키니 호박 농사가 매해 풍년을 이룬다. 그러다 보니 주키니 호박을 볶아 먹고, 쪄 먹고, 구워서 먹다가 생으로도 먹어 보았다. 주키니 호박은 맛이 밋밋하지만, 생채소 특유의 풋풋하고 상큼한 맛이 있다. 특히 텃밭에서 막 따 먹는 어린 주키니 호박은 살짝 달짝지근한 맛도 들어 생으로 먹기에 꽤 괜찮다. 나는 그동안 먹어 본 호박 맛을 떠올리며 시기나 크기, 과육 상태에 따라 다양한 요리를 시도하고 있다.

그중 주키니 호박 롤 샐러드는 운 좋게 빛을 본 요리이다. 레시피대로 두부로 속을 채우면 든든한 한 끼 식사가 된다. 또 상큼한 채소로만 말아 식전에 내면 입맛을 돋우는 전채 요리로도 손색이 없다.

재료(3~4인분)

주키니 호박 1개
오이 1/4개
적색 파프리카 1/4개
황색 파프리카 1/4개
녹색 파프리카 1/4개
두부 1/4모
새싹채소 약간
마늘 1/4쪽
샐러드유1큰술
식초와 당분을 1:1로 섞은 소스 1/3컵
허브 약간
소금 약간
통후추 간 것 약간

*주키니 호박 외에 당근이나 오이, 단단하지 않은 늙은 호박을 사용해도 좋다.

만드는 법

1 주키니 호박은 필러로 얇고 길게 저민다.

2 저민 주키니 호박은 소금을 뿌려 숨을 죽인다.

3 숨이 죽은 주키니 호박을 납작한 용기에 넣고, 식초와 당분을 1:1로 섞은 소스를 부어 2시간 정도 절인다.

4 파프리카와 오이는 주키니 호박의 가로 길이에 맞춰 도톰하게 채 썬다.

5 두부와 마늘 으깬 것에 허브를 아주 잘게 썰어 넣고, 샐러드유와 소금, 후추로 간을 하여 버무린다.

6 3을 꺼내 5를 넣고 말다가 4와 새싹채소를 넣고 이어서 만다. 말기 어려울 때는 이쑤시개를 가로로 꽂아 고정한다.

샐러드의 맛을 살리는 드레싱

집에서 샐러드를 먹을 때는 드레싱을 따로 만들지 않는다. 샐러드를 먹기 전에 수분이 많은 생과일을 으깨어 식초와 오일을 3:1:1로 섞어 두어 숟가락 뿌리고 허브를 얹어 낸다. 하지만 손님상에는 드레싱을 두어 종류 만들어 샐러드의 마지막 한 잎까지 생생하게 먹을 수 있게 한다. 뿐만 아니라 드레싱에 따라 똑같은 샐러드도 맛이 달라지니 드레싱 가짓수를 늘리는 것만으로도 상차림을 풍성하게 만들 수 있다.

앞서 레시피에서 소개한 허브 맛간장 드레싱과 레몬 드레싱 외에 느끼하지 않은 두유 요구르트 크림 드레싱, 겨자 허브 드레싱, 계절에 따라 만 가지 맛을 내는 과일 드레싱, 영양 만점 견과류 크림 드레싱을 소개한다. 이것들은 만드는 방법도 무척 간단하다. 각각의 재료를 한데 넣고 핸드블렌더나 믹서기로 갈아 준다. 잘 갈리지 않을 경우에는 생수를 1큰술 넣고, 후추와 잘게 썬 허브를 뿌리면 완성이다.

두유 요구르트 크림 드레싱
겨자 허브 드레싱
과일 드레싱
견과류 크림 드레싱

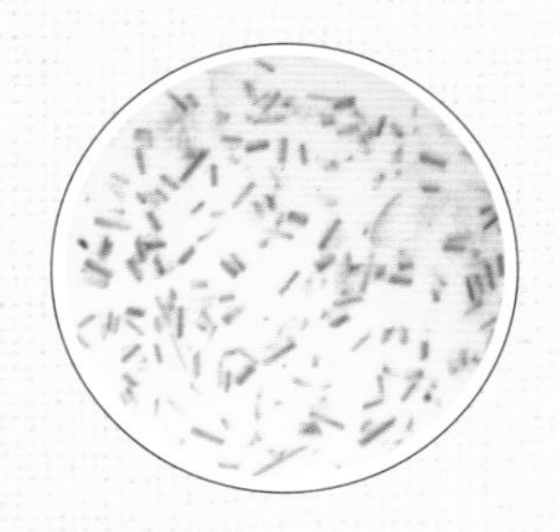

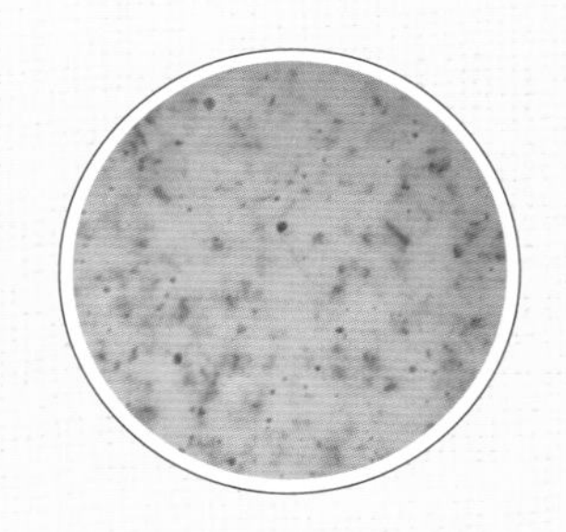

두유 요구르트 크림 드레싱

크림 드레싱을 만들 때 두유를 사용하면 유제품의 비린내와 느끼함이 없다. 요구르트 드레싱 역시 두유 요구르트를 이용하면 드레싱 맛이 한층 더 깔끔해진다. 당분 대신 과일무스 병조림을 넉넉하게 넣거나 고소한 맛을 더하고 싶을 때는 견과류를 함께 넣는다.

재료(만들기 편한 분량)

두유 요구르트 100ml
양파 1/4조각, 마늘 1/2쪽
소금 1/4작은술, 식초 1작은술
아가베시럽 2작은술
샐러드유 4큰술
실파, 레몬타임, 회향 각 3작은술
통후추 간 것 약간

＊요구르트는 윗물을 따라 낸 뒤에 덩어리 부분만 사용한다.

＊허브는 취향에 따라 준비한다.

겨자 허브 드레싱

새콤달콤하고 고소한 일반 드레싱과 달리 겨자의 알싸한 맛이 혀끝에 남는다. 이 드레싱에는 허브나 푸른잎 채소가 일반 드레싱에 비해 상당히 많이 들어간다. 단 향이 강한 허브는 향을 내는 정도로 소량만 사용한다.

재료(만들기 편한 분량)

허브와 푸른 잎채소 1줌
마늘 1쪽, 겨자 소스 2작은술
소금 1/4작은술, 레몬즙 3작은술
볶은 통곡물가루 1작은술
비정제 설탕 2작은술, 샐러드유 4큰술
통후추 간 것 약간, 물 3~4큰술

＊허브는 취향에 따라 준비한다.

＊드레싱에 물을 많이 넣으면 시간이 지나면서 물과 소스 층이 분리된다. 이때 볶은 통곡물가루 1작은술을 넣고 함께 갈면 소스층 분리 현상이 지연된다.

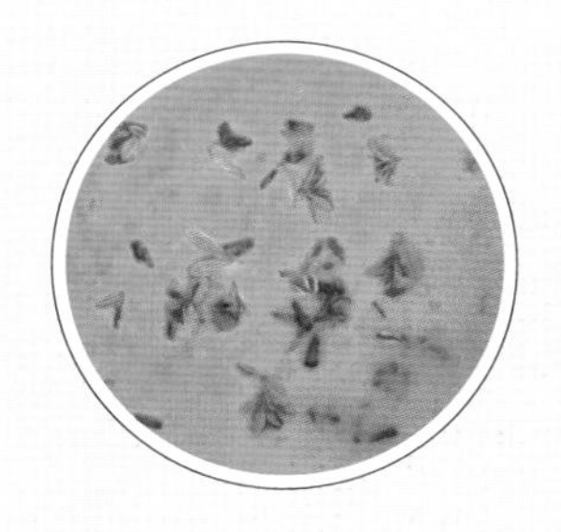

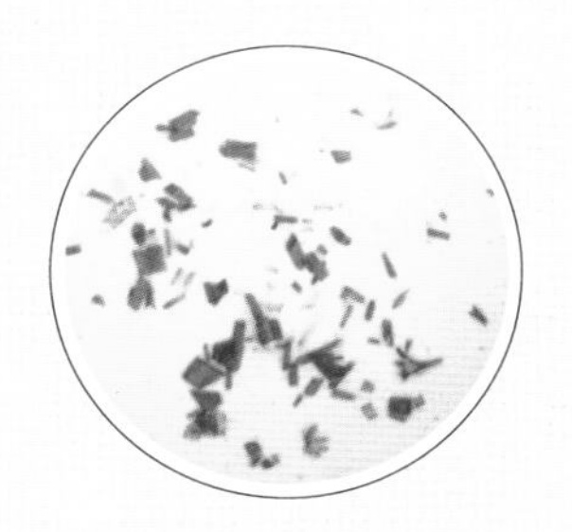

과일 드레싱

과일 드레싱은 야생 허브 샐러드만큼이나 다양하게 낼 수 있는 '제철 드레싱'이다. 봄에는 산수유와 딸기, 여름에는 복분자나 블루베리, 오디 같은 딸기류와 무화과와 자두, 가을과 겨울에는 단감, 홍시, 키위, 귤을 넣는다. 과일은 먹기 곤란한 씨방과 꼭지를 제거한 후 통째로 사용한다. 꼭 한 가지 과일만 고집하지 말고 취향에 따라 색이 비슷한 과일 두어 가지를 섞어도 좋다.

재료(만들기 편한 분량)

작게 자른 제철 과일 100g(취향에 따라 준비)
양파 1/4조각, 레몬즙 2큰술,
샐러드유 4큰술, 소금 1/3작은술,
비정제 설탕 2큰술, 생수 3~4큰술,
통후추 간 것 약간, 잘게 썬 허브 3작은술

*허브는 취향에 따라 준비한다.

*레몬즙과 설탕은 과일의 신맛과 당도에 따라 생략할 수 있다.

견과류 크림 드레싱

견과류를 이용하면 생크림이나 마요네즈 없이도 걸쭉하고 영양 만점인 드레싱을 만들 수 있다. 호두, 잣, 해바라기씨 등 좋아하는 어느 씨앗을 사용해도 좋지만 캐슈너트를 사용하면 좀 더 깔끔한 맛을 낸다. 캐슈너트 특유의 살짝 단맛과 밝은 색감으로 당을 추가하지 않고도 고소하고 달콤한 크림색 드레싱을 만들 수 있다.

재료(만들기 편한 분량)

견과류 2줌, 양파 1/4조각, 마늘 1/2쪽
소금 1/4작은술, 레몬즙 1작은술
아가베시럽 1작은술, 샐러드유 4큰술
실파 3작은술, 레몬타임 3작은술
통후추 간 것 약간, 생수 1/3컵

*허브는 취향에 따라 준비한다.

CHAPTER 5

soup

마음에 위안이 되는 수프

수프=죽=국=주페!

'수프' 하면 아직도 어릴 때 경양식집에서 맛본 크림수프가 떠오른다. 메인 요리가 나오기 전, 납작한 접시에 담겨 나온 수프를 보고 '풀때죽인가, 아님 걸쭉한 미음인가?' 하고 고개를 갸우뚱했다. 그래서인지 수프는 여전히 내게 특별한 음식으로 다가온다.

영어로는 고기나 야채 따위를 삶아서 낸 국물 음식을 수프라고 뭉뚱그려 말한다. 스튜나 캐서롤을 더해도 그 종류는 굉장히 미미하다. 하지만 한식에서 수프를 찾는다면 죽, 미음, 국밥, 국, 탕, 찌개, 전골 등 손에 꼽을 수 없을 정도로 많이 있다. 그리고 독일에 와서 또 한 번 새로운 수프의 세계를 경험했다. 독일식 수프인 '주페Suppe', 주페는 한 끼 식사로도 손색없는 일품요리이다.

창의성을 일깨워 주는 수프

할레로 이사 와 텃밭을 일군 첫해, 비트가 유독 잘 자랐다. 그러나 물밭쥐가 비트 뿌리를 먹어 치우는 바람에 이듬해에 심을 씨는커녕 비트 한 뿌리도 구경을 못했다. 설상가상으로 집에 있던 비트 종자마저 바닥이 났다. 하는 수 없이 2015년에 선물로 받은 로테뤼베Rote Rube 씨를 뿌렸다. 로테뤼베는 비트와 맛과 모양은 비슷하지만 일반 비트보다 색이 붉고, 뿌리 모양이 길쭉한 작물이다.

수확기가 되었다. 예년에 비해 겨울이 온화했고, 봄은 유독 가물었던 터라 땅이 바짝 말랐는데도 이듬해 텃밭은 일찍이 솟아오른 로테뤼베 꽃대로 가득했다. 알이 굵은 것은 병조림하고, 작고 가는 것들은 따로 남겨 뒀다. 로테뤼베 잎은 근대처럼 줄기째 썰어 볶아 먹고, 잎만 따로 떼어 살짝 데쳐서 무쳐 먹었다. 하지만 밭 한쪽을 다 덮을 정도로 많다 보니 이틀에 한 번 꼴로 솎아 내 먹어도 좀처럼 줄지 않았다.

하루는 오랜만에 로테뤼베 수프나 해 먹을까 싶어 꽃대가 가늘고 작은 것들을 쑥쑥 뽑아냈다. 뿌리채소는 꽃대가 올라오기 시작하면서 섬유질이 목질화되어 생으로 먹기에는 너무 질기다. 그래서 평소와 달리 로테뤼베를 얇게 썰어 물을 붓고 끓인 뒤에 핸드블렌더로 갈아 체에 거른 즙으로 수프를 끓여 보았다. 그런데 문제가 생겼다. 로테뤼베 뿌리를 통째로 갈아 만든 수프는 농도가 알맞았는데 즙만 내어 끓인 수프는 말 그대로 물탕이었다. 나는 재빨리 삶아 놓은 감자 중 큰 것 하나를 으깨어 수프 농도를 맞췄다. 꽤 그럴싸했다. 미리 준비해 둔 감자가 이렇게 요긴하게 쓰일 줄이야!

이렇게 텃밭에 의지해 살다 보면 정량대로 재료를 써서 요리하는 일이 극히 드물다. 텃밭에서 나오는 채소가 그때그때마다 다르고, 작물의 상태에 따라 재료의 양과 만드는 방법이 달라지기 때문이다. 그러다 보니 텃밭에서 나는 재료로 요리를 하다 보면 의도치 않게 색다른 아이디어가 샘솟는다. 그중에도 상황에 따라 무궁무진한 레시피가 나오는 게 바로 수프다. 굳이 텃밭의 식재료가 아니더라도 집에 남아 있는 채소와 양념에 따라 다양한 종류의 수프를 만들 수 있다. 취향에 따라 식은 밥이나 빵 조각과 함께 곁들여 먹을 수 있고, 간단한 조리법으로 여러 사람이 쉽고 간단하고 배부르게 먹을 수 있으니 이 얼마나 정겨운 나눔의 요리인가!

독일에는 여러 종류의 재료를 냄비 하나에 넣고 끓여 요리를 완성하는 '아인톱프Eintopf'가 있다. 영어로는 캐서롤이나 스튜 등으로 번역되고, 우리말로 번역하면 '하나의 솥'이다. 국물이 자박한 이 간단한 요리는 훌륭한 한 끼 식사가 된다.

아인톱프는 독일과 오스트프로이센 지역 사람들이 집 안에 모닥불을 피우고 둘러 앉아 불 위에 솥 하나를 걸고 해 먹던 데서 유래했다. 지금은 검소한 독일의 상징과 같은 요리로 여겨지고, 독일의 일반 가정에서는 계절에 상관없이 아인톱프를 자주 해 먹는다. 검소함을 미덕으로 삼는 우리 집에서는 두말할 것도 없다. 특히 해가 짧아 출근하고 귀가하는 길이 컴컴한 겨울 날, 나는 식사로나마 온기를 더하기 위해 아인톱프를 자주 끓인다.

국물 맛의 비밀

수프 맛을 결정짓는 것은 신선한 채소와 깊고 그윽한 맛을 더하는 육수다. 보통은 사골이나 마른 멸치 같은 동물성 재료를 많이 사용하지만, 순식물성 재료만으로도 충분히 깊은 맛을 낼 수 있다.

내가 시어머니께 전수 받은 육수 레시피는 독일 대파 한 줄기, 파슬리 줄기 한 묶음, 뿌리 샐러리와 파스닙 뿌리를 함께 넣고 끓이는 것이다. 나는 시어머니의 레시피에 허브를 줄기째 넣어 끓인다.

여름에는 텃밭에서 수확할 거리가 많아 채소를 따로 사지 않는 편인데, 뿌리채소는 늦여름에서 가을께가 되어야 요리에 쓸 만한 정도로 자란다. 그래서 재료가 부족하다 싶은 날에는 파슬리, 샐러리, 회향, 오레가노 등 텃밭에서 자란 허브를 줄기째 넣고 육수를 끓인다. 주로 허브차로 우리는 다년생 회향 뿌리도 육수를 내기에 좋은데, 나는 몇 년씩 묵은 회향 뿌리보다 줄기와 잎을 잘라서 쓴다. 육수에 쓰일 허브나 잎채소 줄기는 꽃대가 올라온 것도 상관없다. 또 각종 병조림에서 우러난 국물이나 콩과 채소 삶은 물, 잡곡 쌀뜨물 등도 육수를 낼 때 사용한다. 만일 내가 사용하는 허브 종류를 구하기 어렵다면 다시마와 대파, 말린 표고버섯을 기본으로 우엉 뿌리나 연근, 무 등 각종 뿌리채소를 두어 가지 이상 넣고 순식물성 육수를 만들어 보자.

채소 똑똑하게 보관하기

우리 집 텃밭에서 수확량이 가장 많고 즐겨 먹는 겨울 저장 채소는 주키니 호박이다. 주키니 호박은 늦가을까지 자라도록 내버려 두면 껍질은 박처럼 딱딱해지고 속도 단단해져서 저장해 두고 먹기에 좋다. 주의해야 할 점은 서리 내리기 전에 수확하여 서늘하고 습하지 않는 곳에서 보관하는 것이다. 나는 껍질이 단단하게 익은 걸 이듬해 봄까지 두고 먹는데 지난해에 수확한 주키니 호박은 올해 4월 초까지 먹었고, 병조림해 둔 것은 텃밭에서 호박이 새로 나올 때까지 먹었다.

가을 수확기에 저렴한 제철 채소를 사다 채소별 특성에 맞춰 보관해 두면 긴 겨울을 든든하게 날 수 있다. 마당이 없는 집이라면 난방을 하지 않는 창고방이나 베란다 한쪽에 여유 공간을 확보하는 것만으로 겨울에 먹을 채소 보관 준비의 절반은 마친 것이다. 여기에 꼭 기억해 둘 두 가지!

첫째, 모든 식품은 눌리지 않도록 한 층으로 저장한다.

둘째, 식품 보관에 신문지를 사용하지 않는다.

기본 채소

감자, 양파 같은 유기농 기본 채소는 가격이 저렴하고 꼭 유기농 매장을 찾지 않아도 손쉽게 구할 수 있다. 가급적이면 텃밭에서 자급하지만 기본 채소는 보통 사 먹는 편이다. 사 온 채소는 보관이 중요한데 마트에서 구해 온 납작한 나무상자를 한 층 깔고 나서 상자를 켜켜이 쌓아 올려 공간 활용도를 높인다. 특히 감자와 양파는 빛이 들지 않는 곳에 둔다. 감자는 수시로 싹이 난 부분을 제거하고, 싹이 난 것부터 재빨리 먹는다. 양파도 만져서 무른 것부터 먹는다. 기본 채소는 통풍만 잘 시켜 주면 이듬해 봄, 길게는 여름까지 두고 먹을 수 있다.

뿌리채소

흙이 묻어 있는 무나 야콘, 돼지감자 등의 뿌리채소는 습기를 머금고 있는 깨끗한 모래에 묻어 보관한다. 또 영하로 떨어지지 않는 냉암소에 보관하고, 뿌리가 마르지 않게 가끔 모래에 분무기로 물을 뿌려 습도를 유지해 주는 것이 중요하다. 뿌리채소는 10L들이 양동이에 1/4쯤 준비한 흙을 붓고 뿌리가 아래로 가도록 바로 세워 꽂아 둔다. 채소 사이에는 여유 공간을 두어 서로 달라붙지 않도록 하고, 채소가 덮일 때까지 남은 공간을 모두 모래로 채운다. 모래 위에는 구멍이 뚫린 뚜껑이나 두툼한 종이를 덮어 둔다.

기타 채소

양배추는 흙을 깐 납작한 상자에 심지 부분이 흙에 약간 묻힐 정도로 파묻고, 숨구멍을 뚫은 큰 비닐로 상자 전체를 덮어 둔다.

과일

과일은 위에서 내리누르는 압력으로 쉽게 상할 수 있어 가능한 단층으로 저장한다. 이렇게 하면 상한 과일이 생겨도 다른 과일로 전염되는 속도가 느려 상한 과일만 골라내 주면 된다. 다만 사과는 보관 과정에서 에텐 가스를 발생시켜 다른 채소의 숙성을 촉진하므로 따로 보관하는 것이 좋다.(감자와 사과를 함께 둘 경우, 감자에 싹이 잘 나는 것도 그 때문이다.) 대신 덜 익은 토마토 옆에 사과를 두면 토마토 숙성에 효과적이다.

채소 썰어 뚝딱뚝딱!

수프를 끓이는 법은 참 간단하다. 어느 수프에나 빠뜨릴 수 없는 기본 채소는 양파와 감자, 당근. 그 외에 수프의 이름을 결정할 주요 채소나 콩, 육수용 뿌리채소와 허브 줄기 등의 부재료만 있으면 뚝딱 만들 수 있다.

내가 수프를 끓이는 방법은 매우 간단하다. 준비된 채소를 기름에 볶다가 육수를 넣고 끓여 요리 마지막에 소금으로 간을 한다. 처음부터 소금을 듬뿍 넣고 끓이다 보면 채소에 간이 배어 생각보다 짭조름한 수프가 될 수 있다. 나는 채소가 다 익은 뒤에 고추나 허브, 후추 등 양념을 넣고, 마지막으로 간을 해 한 번 더 끓여 주는데 채소에 소금기가 은근하게 배어 간이 딱 좋다.

무엇으로 간을 맞추나

내가 요리를 할 때마다 최우선으로 생각하는 건 가족의 건강과 환경에 좋은 것이 무엇인지를 따져 보는 거다. 특히 육수와 더불어 간이 중요한 수프를 끓일 때는 조금 더 신중해진다.

수프의 간은 주로 소금으로 맞추고 요리에 따라 간장이나 맛가루를 이용한다. 내가 깐깐하게 양념을 선택하는 기준과 이유, 그리고 그 방법을 소개한다.

소금

소금은 죽염과 천연 바다 소금 두 가지를 용도에 따라 나눠서 사용한다. 죽염은 샐러드드레싱을 만들 때를 제외하고는 약용으로만 쓴다. 요리를 할 때는 반드시 첨가물이 없는 100퍼센트 바다소금을 고집한다.

다른 양념에 비해 소금에 더 신경을 쓰는 이유는 시중에 조리용으로 나온 소금이 뭉침 현상을 방지하려고 다양한 종류의 첨가물을 사용하기 때문이다. 작가 한스 울리히 그림은 자신이 운영하는 웹사이트에 식품 첨가물 데이터베이스를 제공하고 있다. 그가 공개한 식품 첨가물 중에는 뇌 질환을 유발할 수 있는 규산알루미늄처럼 체내에 쌓이면 독이 되는 물질도 있었다. 특히 소금에는 특정 질병을 예방하기 위해 요오드나 불소를 첨가한다고도 했다.(세상에 소금에 불소라니!)

2005년 독일연방위해평가연구원은 불소가 염색체 이상, 암과 기타 질병과 관련 있는 물질이라는 결론을 냈다. 또 독일의 자연주의 치과의사 브로크하우젠Dr. Wolf Brockhausen은 '불소가 체내에서 마그네슘과 결합해 치아의 칼슘 구조를 약하게 한다'고 했다. 이것은 불소가 충치 예방 효과가 있다는 기존의 평가와 상반된 주장이었다. 그러니까 불소로 충치를 예방하기보다 암에 걸릴 확률을 줄이는 것이 훨씬 낫다고 생각하는 것은 어쩌면 당연한 일이다.

재래식 간장

간장만은 직접 담가 먹든 누군가 만든 걸 얻어서 먹든 전통 방식으로 만든 것을 먹는 것이 좋다. 앞서도 얘기했지만 나는 친정집에서 한두 병씩 공수해 먹고 있는데, 앞으로는 독일에서 직접 담가 보려고 한다. 간장을 담그는 것은 일도 아니라는 엄마의 말에(소금 농도에 맞춰 메주와 부재료를 넣고 뚜껑을 닫아 놓으면 된단다.) 용기를 내어 간장을 담고자 하는 마음은 충만한데, 그 과정을 머릿속으로 그려 볼 뿐 담글 시기를 놓친 게 벌써 몇 년째다.(새해에는 간장 담기를 꼭 도전해 봐야겠다.)

내가 간장만큼은 집에서 담근 것을 고집하는 이유는 시판되는 간장 유해성 논란이 끊이지 않아서다. 특히 양조장에서 만든 진간장, 혼합간장, 산분해간장 등 단기 숙성하여 만든 간장에는 유해한 화학물질을 다량 첨가되어 있다든가, 몸에 나쁜 화학조미료가 왕창 들어 있다든가, 말도 참 많다.

아직 간장을 직접 만들어 먹을 만한 수준은 안 되지만, 나는 재래식 간장에 허브와 야생초 등을 넣고 도수 낮은 과실주나 청주, 집에서 만든 양파 효소나 야생초 효소를 넣고 함께 숙성시켜 나만의 허브 맛간장을 만들어 먹는다. 또 맛장 단지를 따로 만들어 두고 요리할 때마다 쓰고 남은 채소나 과일 껍질을 모아 단지에 넣고 간장과 청주를 부어 보름 이상 숙성한 뒤 사용한다. 장을 거르고 남은 우린 재료는 물에 담가 뒀다가 끓여서 국물 육수를 내는 데 써도 손색이 없다. 끓이지 않고 만드는 허브 맛간장은 누구라도 만들 수 있을 만큼 쉽고 간단하다. 이건 독일 생활을 하는 동안 내가 직접 고안하여 실제로 사용하고 있는 방법이니, 그 맛을 보장할 수 있다.

식물성 천연 맛가루

독일에는 채소, 버섯, 허브 등 천연 재료를 가루 내어 만든 유기농 식물성 천연 맛가루가 있다.(모양이 꼭 치킨스톡처럼 생겼다.) 각종 허브와 뿌리채소만으로도 국물 맛을 내기에 충분하지만, 일이 바쁠 때나 가끔 색다른 요리에 도전할 때 활용하면 좋다.

맛가루를 선택할 때 가장 중요하게 생각하는 건 효모 추출물의 사용 여부다. 지난 몇 년간 효모 추출물이 'MSG의 뒤를 잇는 새로운 향미증진제'라는 논란이 지속되고 있기 때문이다. 솔직히 효모 추출물이 MSG에 버금가는 해로운 물질인지 아직은 판단이 잘 서지 않는다. 다만 이것이 짧은 시간 내에 맛을 내고 싶은 인간의 욕심을 채우기 위한 물질이다 보니 내심 걱정이 되기는 한다.

최근에는 마트에서 내가 애용하던 제품을 포함하여 무가당 유기농 비건 맛가루를 찾아보기가 어려워졌다. 가격 차이가 나는 다른 제품으로 바꿀까 고민도 했지만 이참에 천연 재료로 만든 맛가루를 만들어 보려고 한다. 설탕 한 톨도 허용하지 않았던 예전만큼 엄격하진 않더라도 설탕을 비롯한 당 사용 또한 자제해야겠다는 다짐을 새로이 하고 있다.

HOT SOUP
HOT SOUP
HOT SOUP

soup recipe

머릿속에 떠올리는 것만으로도 마음이 따뜻해지는 엄마의 채소 영양죽. 타지에 나와 살면서도 때때로 생각나는 건 단연 엄마의 채소 영양죽인데, 이젠 내가 만든 수프로 따뜻한 사랑을 나누고 싶다.

제철 채소 수프

한국과 달리 독일의 겨울은 습하고 흐리다. 해가 떠 있는 시간도 짧아 겨울잠을 자고 싶을 만큼 어둠이 길다. 우리는 겨울이 되면 시린 몸과 마음에 온기를 더하려고 거의 이틀에 한 번 꼴로 수프를 끓여 먹는다. 수프는 감자와 양파, 당근을 비롯한 기본재료 외에 재료를 조금만 달리하면 늘 새로운 맛으로 둔갑한다.

재료(3~4인분)

감자 3~4개
양파 1개, 당근 1개
파프리카 1개
주키니 호박 1개
대파 1뿌리
뿌리 샐러리(당근 양만큼)
버섯 1줌, 두부 1/2모

육수 재료

샐러리 줄기 2대
파슬리 줄기 5대
오레가노 2줄기
물 4컵

양념 재료

타히니 3작은술
잘게 썬 허브 3~4큰술
매운 고추 작은 것 1개
생강 1/2쪽
소금 1작은술
허브 맛간장 1~2작은술
샐러드유 적당량
통후추 간 것 약간

*타히니(Tahin): 볶지 않은 참깨를 곱게 갈아 만든 페이스트.

*육수와 양념에 넣는 허브는 취향에 따라 바꿀 수 있다.

만드는 법

1 감자, 당근, 주키니 호박, 두부는 깍둑썰기를 한다. 파프리카와 버섯은 감자와 같은 크기로 썬다.

2 양파는 잘게 다지고, 대파는 1cm 굵기로 둥글게 썬다.

3 미리 달군 냄비에 샐러드유와 물 1큰술을 두르고 잘게 부순 고추, 다진 생강과 양파, 당근, 뿌리 샐러리를 넣고 살짝 볶는다.

4 3에 감자와 육수 재료와 찬물 1컵을 넣고 끓이다가 물 3컵을 더 붓고 재료를 푹 익힌다.

5 4가 끓어오르면 주키니 호박, 버섯, 파프리카, 두부와 대파를 넣는다.

6 냄비에서 육수 재료를 건져 낸다.

7 국물에 타히니를 풀고 나서 소금으로 간을 한 뒤 한소끔 더 끓인다.(맑은 국물을 원한다면 생략해도 좋다.)

8 허브 맛간장으로 간을 맞추고, 고명으로 허브와 통후추를 올린다.

독일식 호박죽

한국의 호박죽은 기본적으로 달콤하다. 간식으로 가끔 먹기는 좋지만, 한 끼 식사로 배불리 먹기에는 단맛이 좀 질린다. 그래서 나는 호박죽에 곡물을 더하지 않고 단호박이나 당근 같은 채소를 되직하게 끓여 카레가루로 양념을 한다.

호박죽에 생강과 매운 고추 한 조각을 더해 약간 매콤하게 끓여 신선한 허브를 더하면 보다 색다른 맛을 볼 수 있다. 단호박은 과육이 단단해서 곡물가루를 넣지 않아도 국물이 걸쭉해진다. 깊은 맛을 위해서는 뿌리 샐러리 같은 향이 깊은 채소를 넣어도 좋다. 호박죽은 넉넉히 만들어 병조림을 해 두고 먹기에도 그만이다.

재료(6인분)

단호박 1통(1.5kg)
당근 3~4개(400g)
감자 2개, 양파 2개
두유 2컵, 뜨거운 물 1컵
작은 매운 고추 1~2개
생강 1/2쪽
카레가루 3작은술
올리브유 5~6큰술
코코넛가루 2~3큰술
소금 2~3큰술
허브 3~4큰술
파슬리, 오레가노,
타임, 마조람

*고명으로 올리는 허브는 취향에 따라 바꿀 수 있다. 또한 호박씨나 호두 다진 것을 고명으로 얹어 먹으면 색다른 맛을 느낄 수 있다.

만드는 법

1 단호박은 반으로 갈라 속과 상한 부분을 제거하고 밤톨 2개 정도 크기로 썬다.

2 나머지 채소는 밤톨 1개 크기로 썬다.

3 압력솥 바닥에 생강과 고추를 넣고 나서 단단한 채소 순으로 담고, 뜨거운 물 1컵을 부어 끓인다.

4 솥에 압력이 찬 상태에서 5~10분 뜸을 들인 뒤 압력이 빠질 때까지 기다린다.

5 4를 생강과 고추가 씹히지 않도록 핸드블렌더로 곱게 간다.

6 5에 두유를 넣어 농도를 조절한다.

7 6에 올리브유, 카레가루, 소금, 코코넛가루 등을 넣고 잘 섞이도록 한 번 더 간다.

8 7에 준비한 허브를 잘게 썰어 고명으로 얹는다.

비트 수프

자연에서 쉽게 찾아보기 힘든 진한 적자색 빛깔이 매혹적인 비트 수프. 비트 수프만큼 여성 건강에 좋은 수프도 없지 않을까? 비트 수프를 끓일 때 두유를 넣으면 단백질이 풍부해진다.

비트는 꽃대가 올라오는 봄부터 열매를 수확하는 가을, 병조림으로 맛볼 수 있는 겨울까지 사시사철 새콤달콤한 맛으로 입맛을 돋운다.

재료(6인분)

비트 8개(1.2kg)
감자 4개, 양파 2개
두유 4컵, 물 2컵
생강 1쪽
월계수 잎 1장
정향 3개
발사믹 식초 5~6큰술
조청 3~4큰술
소금 3~4작은술
육두구(넛맥) 간 것 약간
허브 5큰술
| 실파, 파슬리, 마조람,
| 오레가노, 타임 등
식용유 약간
통후추 간 것 약간

*고명으로 올리는 허브는 취향에 따라 바꿀 수 있다.

*발사믹 식초는 레몬즙으로 대체할 수 있다.

*생비트로 수프를 만들 때 비트 피클 병조림 국물을 넣으면 식초나 레몬즙, 정향 등의의 향신료를 쓰지 않아도 된다. 새콤달콤한 맛을 원한다면 수프 분량과 병조림 국물 비율을 4:1로 맞춘다.

만드는 법

1 비트와 감자는 작게 썬다.

2 1과 물, 월계수 잎, 정향, 생강을 넣고 익을 때까지 뭉근하게 끓인다. 재료가 다 익으면 월계수 잎과 정향은 건져 낸다.

3 미리 달군 팬에 기름을 둘러 다진 양파를 노릇하게 볶아 2에 넣는다.

4 3을 핸드블렌더로 곱게 갈고, 두유로 농도를 맞춘다.

5 4를 바닥에 눌어붙지 않도록 저어 가며 한소끔 끓인다.

6 식초, 조청, 소금을 넣어 새콤달콤하게 간을 하고 통후추를 충분히 갈아 넣는다.

7 잘게 썬 허브를 고명으로 올린다.(육두구를 올리면 풍미가 좋아진다.)

토마토 수프

우리 집 토마토 수프는 국적이 애매한 퓨전 요리다. 이름만 보면 이탈리아 요리 같지만 동유럽 등지에서 토마토를 주재료로 파프리카 등 채소를 듬뿍 넣어 걸쭉하게 끓인 수프와 더 유사하다. 또 수프에 병아리콩과 카레가루를 약간 섞으면 중동이나 인도의 맛이 느껴진다. 어쩌면 이들 지역에서도 토마토 수프 비슷한 걸 만들어 먹는 것이 아닐까?

토마토 수프는 생토마토, 토마토 파사타(토마토 씨와 껍질을 없애고 되직하게 만든 퓌레), 미리 만들어 둔 병조림 토마토소스 등을 사용해 다양한 방법으로 만들 수 있다. 농도와 부재료 등에 변화를 주더라도 국물의 주재료가 토마토라 맛 차이는 크게 나지 않는다.(그 말인즉슨 어지간히 요리를 못하지 않는 이상 맛이 없기가 힘든 요리다.)

토마토 수프는 요리법이 무궁무진하다. 파사타나 병조림 소스를 쓸 때는 부재료로 들어갈 채소만 썰어 삶은 병아리콩이나 울타리콩, 완두콩을 넣고 국물이 걸쭉한 수프를 만들면 빵에 곁들여 먹기 좋다. 국물을 묽게 해서 좁쌀밥이나 통곡물밥, 식은 밥을 넣으면 든든한 한 끼 식사가 된다. 또 마카로니처럼 크기가 작은 파스타 면을 넣고 누들 수프를 만들 수도 있다. 단 파사타나 토마토 주스를 넣고 끓일 때는 월계수 잎을 넣고 끓여야 토마토 특유의 풍미가 살아난다.

주재료(4인분)

양파 1개, 당근 1개
뿌리 샐러리 1개
주키니 호박 1개
피망 1개
마른 표고버섯 1줌
좁쌀 잡곡밥 병조림(300ml)
토마토 파프리카 소스 병조림(500ml)
허브 4~5큰술
| 오레가노, 로즈메리, 타임, 실파, 파슬리
생강 1/2쪽
다진마늘 1작은술
소금 1~2작은술
올리브유 적당량
조청 약간
통후추 간 것 약간

육수 재료

샐러리 줄기 2대
파슬리 줄기 5대
로즈메리 2줄기
오레가노 2줄기
물 2컵

*버섯은 취향에 따라 생버섯으로 대체할 수 있다.

*육수와 고명으로 쓰는 허브는 취향에 따라 바꿀 수 있다.

만드는 법

1 당근, 주키니 호박, 피망은 작게 깍둑썰기를 하고, 양파는 잘게 썬다.

2 살짝 달군 냄비에 올리브유를 두르고 다진 생강과 마늘, 양파, 당근과 뿌리 샐러리, 마른 표고버섯을 잘게 부숴 넣고 살짝 볶는다.

3 2에 육수 재료를 넣고 당근이 익을 때까지 끓인다.

4 2에 토마토 파프리카 소스와 좁쌀 잡곡밥, 주키니 호박, 피망을 넣는다.

5 4가 끓어오르면 약한 불로 줄여 바닥이 눌어붙지 않게 주걱으로 저으며 뭉근하게 끓인다.(빡빡하다 싶으면 물을 반 컵 넣어 준다.)

6 잘게 썬 허브와 통후추 간 것을 충분히 넣는다.

7 취향에 따라 조청을 넣는다. 매운 맛을 좋아한다면 매운 고추 1~2개를 넣어도 좋다.

수프와 가니쉬 빵의 조화

제철 채소 수프처럼 국물이 맑고 넉넉한 경우에는 수프에 찬밥을 말아 먹어도 좋다. 하지만 크림수프나 호박죽 같은 되직한 수프에는 밥보다 빵이 더 잘 어울린다.
수프는 담백한 빵과 함께 먹어도 좋지만 특색 있는 빵을 만들어 곁들이면 색다르게 즐길 수 있다.

오래된 빵 크루통

크루통Croûton은 껍질을 뜻하는 라틴어 'Crusta(크루스타)'에서 파생한 프랑스어다. 일반적인 크루통은 식빵을 정방형으로 작게 썰어 올리브유나 버터로 볶아 수프나 샐러드와 함께 낸다. 우리 집에서는 만든 지 오래된 통곡물빵으로 크루통을 만든다. 색다른 점이라면 기름에 빵을 볶는 것이 아니라 마른 팬에 빵을 볶고 나서 팬이 식은 뒤에 비정제 기름을 뿌려 낸다는 것! 기름을 열 조리하지 않아 재료의 맛이 살아 있고 건강에도 좋다.

재료

통곡물빵 6장
소금 1/2작은술
통후추 간 것 약간
잘게 썬 생허브 4큰술
비정제 기름 2큰술

*허브는 취향에 따라 선택한다.

만드는 법

1 빵을 사방 1cm 크기로 깍둑썰기를 한다.

2 미리 달군 팬에 1을 넣고 약한 불에서 굽는다.

3 빵 겉면이 바삭해지면 불을 끄고 소금과 후추, 허브를 넣어 빵에 간이 잘 배이도록 섞는다.

4 팬이 식으면 비정제 기름을 넣고 다시 한 번 잘 젓는다.

오래된 빵 크루통

효모 가루 살짝
뿌린 통곡물빵

인도식 통곡물 납작빵
차파티

효모 가루 살짝 뿌린 통곡물빵

빵에 스프레드를 발라 수프와 함께 먹어도 좋지만, 맛이 강한 스프레드는 자칫 수프 맛을 떨어뜨릴 수 있다. 그래서 수프와 함께 먹을 때는 식물성 천연 마가린을 살짝 바른 빵에 뉴트리셔널 효모 가루를 뿌려 먹는다. 뉴트리셔널 효모는 비활성 효모의 분말로 포도주나 맥주를 제조할 때에 만들어지는 부산물이다. 한국에서는 '비건 치즈 가루'라는 이름으로 판매된다. 완전 채식을 하는 비건들이 치즈 대체 식품으로 사용하는데, 천연 글루탐산이 들어 있어 감칠맛을 내는 중요한 역할을 한다.

재료

통곡물빵 8장
식물성 천연 마가린 적당량
뉴트리셔널 효모 가루 약간

만드는 법

통곡물빵에 마가린을 얇게 바르고, 뉴트리셔널 효모 가루를 솔솔 뿌린다.

인도식 통곡물 납작빵 차파티

차파티Chapati는 인도식 빈대떡으로 효모나 요구르트 등을 섞어 반죽을 부풀리는 난과 달리 곡물가루와 소금, 물을 넣어 만드는 납작한 빵이다. 그래서 수프가 끓는 사이 재료를 반죽해 납작하게 밀고, 팬에 구워 수프와 함께 낼 수 있다. 차파티는 본래 통밀가루로 만들었다고 하는데, 따로 발효할 필요가 없어 여러 가지 통곡물가루를 섞어 만들 수 있다. 취향에 따라 반죽에 팔라펠 가루나 허브를 넣어 나만의 차파티를 만들어 보자.

재료

혼합 통곡물가루 150g
팔라펠 가루 50g
밀가루 약간
소금 1/2작은술
통후추 간 것 약간
허브오일 1큰술
허브 1큰술
물 100ml

* 허브는 취향에 따라 선택한다.

* 팔라펠 가루(병아리콩가루)는 카레가루, 콩가루, 파프리카가루 등으로 대체할 수 있다.

만드는 법

1 재료를 한데 넣고 잘 섞은 뒤 물을 붓고 반죽한다.

2 반죽을 8~10등분으로 나누고 각각 구슬 모양으로 굴리다가 밀대로 얇게 민다.

3 미리 달군 팬에 기름을 두르지 않고 앞뒤로 갈색 점이 생길 때까지 굽는다.

CHAPTER 6

rice

특색 있는 밥 짓기

엄마 밥이 그리워서

고등학교 입학과 동시에 나는 고향을 떠나 왔다. 그러고 나서 그 흔한 조나 보리 한 톨 섞이지 않은 하얀 쌀밥이 주식이 되었는데, 엄마의 까만 잡곡밥이 얼마나 그리웠는지 모른다. 엄마의 까만 잡곡밥은 그냥 밥이 아니라 사랑과 정성의 결과물이란 생각에 울컥 감정이 북받쳐 오르기도 했다. 사람은 역시 밥으로 대변되는 부모의 사랑을 먹고 자라야 한다. 고향을 떠나 내가 늘 허기졌던 이유를 이제 와 생각해 보니 밖에서 먹는 밥은 엄마의 사랑은 물론이거니와 포만감을 주기에도 영양적으로 무리가 있었다.

고등학교 3년과 전공을 바꿔 재수하고 다시 대학에 진학하기까지 7년. 그 오랜 세월 동안 아무리 먹어도 채워지지 않는 허전함 때문에 그렇게 매점을 기웃거렸나 보다.

엄마표 까만 잡곡밥이 나타났다

어릴 때, 내가 기억하는 어느 순간부터 밥상에 하얀 쌀밥이 오르지 않았다. 처음에는 흰 쌀에 보리나 콩 등 몇 가지 잡곡이 섞인 비교적 평범한 밥이었다. 그러다가 점차 가짓수가 늘어나더니 십여 가지가 넘는 곡물로 지은 '엄마표 까만 잡곡밥'이 완성됐다. 사정이 이렇다 보니 어릴 때는 가끔 외식을 하거나 친척집 제사에 갔을 때나 하얀 쌀밥을 맛볼 수 있었다. 거친 질감에 투박한 식감의 까만 잡곡밥과 달리 몇 번 씹지 않아도 입안에서 살살 녹아내리던 하얀 쌀밥이 어찌나 맛있던지! 초등학교 저학년 꼬마 아이가 하얀 쌀밥만 보면 앉은 자리에서 두 공기씩 먹어 치웠으니, 더 말해 무엇할까.

요새야 쌀보다 잡곡 가격이 더 비싸다지만 예전에는 하얀 쌀밥을 부의 상징으로 여겼다. 그리고 2000년대 초반, 자원 봉사 활동을 하며 머문 인도에서도 이와 비슷한 모습을 볼 수 있었다. 당시 인도 오지 마을의 가난한 불가촉천민들은 직접 기른 잡곡으로 밥을 지어 먹는 데 반해 내가 속한 봉사 단체 식당에서는 늘 하얀 쌀밥을 제공했다. 그제야 정제 곡식인 쌀 대비 잡곡의 가치 평가 절하가 비단 우리나라에서만 볼 수 있던 풍경이 아니란 걸 알았다.

왜 이렇게 쌀을 귀히 여기는 식문화가 발달하게 되었을까?

아마도 씨를 뿌리면 막 자라는 '잡'곡과 달리 쌀은 기르는 데 더 많은 노력과 노하우가 필요했기 때문이지 싶다. 또 기계가 없던 시절에는 일일이 수작업해야 했던 것도 큰 이유였을 거라 짐작된다. 더불어 입안에서 살살 녹는 달고 부드러운 하얀 쌀밥의 맛도 한몫 거들었을 테고.

엄마 밥의 비밀은 식이섬유

식이섬유의 하루 권장량은 성인 기준으로 약 25~30g, 통곡물 보리밥으로 약 3공기 정도다.(통밀 식빵으로는 12~16장) 매끼 통곡물 보리밥을 먹으면 식이섬유의 결핍 걱정 없이 지낼 수 있는데, 하얀 쌀밥은 21공기를 먹어야 하루 권장량이 채워진다. 이렇게 수치로만 따져 봐도 엄마 밥과 식당 밥은 비교의 대상이 되지 않는다.

뿐만 아니라 엄마가 차린 밥상에는 잡곡밥과 함께 각종 나물이 가득 자리했다. 나도 모르는 새에 식이섬유가 넘치는 밥상을 받았던 것이다. 그에 반해 학교에서 주는 급식이나 학생 식당에서는 하얀 쌀밥에 구색을 맞춘 나물 한두 가지가 오르는 게 다였다. 그러니 내가 학창시절 늘 배를 곯았던 것에는 분명 이유가 있었다.(가족과 떨어져서 오는 헛헛함도 어느 정도 영향은 있었겠지만.)

통곡물의 주영양소인 식이섬유는 포만감을 주는 걸로 끝나지 않는다. 지금은 제6영양소로 불릴 만큼 중요하게 여겨진다. 내가 따로 알아본 이점만 해도 아홉 가지에 이른다.

1 수분 결합을 통한 부피 증가로 위에서 소화되는 속도를 줄이고 포만감을 주어 과식과 다이어트에 효과가 있다.
2 음식물이 장을 통과하는 시간을 단축하여 지방과 콜레스테롤 흡수를 방해하고, 배설을 촉진하여 체내 지방 축적을 낮춘다.
3 소장 통과 시간을 단축하여 당 흡수를 낮출 뿐 아니라 혈당 상승 속도를 늦추고, 당뇨병 예방과 치료에 도움이 된다.
4 콜레스테롤을 흡착하고 중성지방을 낮춰 동맥경화증을 예방한다.
5 대장 발효의 영양원으로 대장 내 유산균을 증가시킨다.
6 대장 운동을 촉진하여 변비를 예방한다.
7 직장 항문에 자극과 긴장을 낮추고 치핵을 예방한다.
8 발암 물질을 부착, 배출하여 항암 효과에 탁월하다.
9 장 청소에 좋다.

또한 통곡물은 미네랄과 비타민 B와 E군이 풍부하고, 씹는 동안 뇌 혈류량을 증가시켜 지능 발달과 노인성 치매 예방에도 큰 효과가 있다.

진짜 잡곡밥

에베르스발데에서 살 때는 먹거리에 꽤 엄격한 기준을 세웠다. 우리가 먹을 건 직접 재배한다거나, 근경 60km 이내에서 재배된 지역 농작물만 먹는다든가. 그렇다 보니 자연스레 쌀밥은 먹을 수 없었고, 집 근처 유기농 농장에서 독일산 통밀이나 메밀을 포대로 사서 먹었다.

'아니, 쌀을 넣지 않고 어떻게 밥을 지을까?' 싶겠지만 밀이나 메밀만으로 지은 밥맛도 나쁘지는 않다. 솔직히 통밀은 아무리 오래 불려서 끓여도 딱딱한 식감이 사라지지 않았다. 그래서 나는 여러 궁리 끝에 통밀처럼 딱딱한 곡물을 좁쌀만 한 크기로 찧어 뜨거운 물을 붓고 살짝 끓여 먹기로 했다. 물론 입 안에서 밀알이 따로 노는 느낌이 나는 건 여전하지만 작게 부순 '좁쌀 통밀밥'은 식감이 부드럽고 맛도 좋다.

좁쌀 통곡물을 만드는 데 사용하고 있는 곡물 분쇄기는 다니엘의 오랜 친구였던 쿠르트 할아버지께 물려받았다. 보기에는 단순해 보여도 분쇄 정도를 여러 단계로 조정할 수 있어 꽤나 유용하다. 통곡물이 분쇄기에 들어가면 좁쌀이 되기도 하고, 고운 가루로 변신하기도 한다.

한국에서 살 때는 까만 잡곡밥일지언정 쌀을 위주로 다른 잡곡을 섞는 '잡곡 쌀밥'을 먹었다. 그런데 독일에 와서 쌀이 전혀 들어가지 않은, 오직 잡곡만 들어간 잡곡밥을 해 먹고 살다 보니 지금은 쌀로만 지은 밥이 어색해졌다.

통곡물 누룽지의 매력

어릴 때 엄마는 전기밥솥을 두고도 항상 냄비에 밥을 지었다. 처음에는 당시 한창 유행하던 알루미늄으로 된 압력솥에 밥을 지었는데, 알루미늄의 유해성을 알고 나서는 바로 납작한 스테인리스 냄비로 바꿨다. 숭늉을 좋아하던 아빠를 위해 일부러 냄비에 밥을 눌려 누룽지를 만들어 내던 엄마는 가끔 나한테 누룽지를 긁어 주었다. 우리 집에서만 맛볼 수 있던 엄마의 '까만 잡곡밥 누룽지'는 그 어떤 것과 비교할 수 없이 고소하고, 씹을수록 단맛이 우러나는 별미 중의 별미였다.

독일인인 다니엘은 누룽지와 숭늉에 대한 향수와 맛에 공감하지 못한다. 그러다 보니 부러 냄비에 밥을 눌어붙게 하여 누룽지를 만드는 것을 이해하지 못한다. 나도 밥을 지을 때마다 누룽지를 만들 정도로 누룽지를 좋아하진 않지만, 의도치 않게 누룽지가 만들어지기도 한다. 그렇게 가끔 맛보는 통곡물 누룽지는 참 맛있다. 밥을 쌀로만 지어야 하고, 누룽지도 쌀로 된 누룽지가 최고라는 고정관념을 깨 버릴 정도로.

생태 밥상을 구황해 준 구황작물

나는 한국에서처럼 매끼 한식을 고집하지는 않는다. 독일인의 주식인 감자도 우리 밥상의 단골손님이다.

독일에 감자가 처음 들어온 것은 1621년이지만, 18세기에 들어서야 기근과 식량 가격 폭등으로 감자를 대규모로 재배했다. 감자가 독일에 정착할 수 있게 된 배경에는 프로이센의 프리드리히 2세의 전략이 있었다. 처음 독일에 감자가 들어왔을 때, 농부들은 밭에 심는 것조차 꺼려했는데 프리드리히 2세가 꾀를 내어 군인들에게 감자밭을 지키게 했다. 그제서야 농부들은 얼마나 귀한 작물이면 군인들이 밭을 지키겠나 싶어 저마다 감자를 훔쳐 자기네 밭에 심으면서 감자가 널리 퍼지게 됐다.(이런 배경을 듣고 보니 오늘날 독일인들의 감자 사랑이 다소 생경하다.)

인근 지역 농산물로만 밥상을 차리던 에베르스발데에서는 가을마다 집 근처 농장에서 유기농 감자를 여러 포대 주문해 켈러에 쟁여 두었다. 그때는 우리도 여느 독일인들처럼 감자를 꽤 많이 먹었다. 퍼머컬처 프로젝트에서 수확해 온 야생초, 쐐기풀과 갈퀴덩굴 등을 감자와 함께 쪄서 삶은 콩과 샐러드에 곁들여 먹었다. 또 우리나라 감자떡이나 이탈리아 뇨끼와 비슷한 감자 크뇌델도 자주 해 먹었다. 켈러에서 감자가 바닥을 드러낼 무렵에는 향이 강한 허브를 넣고 감자와 당근(당근도 지역 유기농 농장에서 포대째 구입했다.)으로 수프를 끓이는 등 매일매일 감자의 연속이었다.

감자는 비타민 C와 칼륨이 풍부하고 비타민 B와 마그네슘, 칼슘 등 미네랄를 고루 함유하고 있다. 또 카로티노이드, 안토시안 등 체내 항산화 작용을 하는 피토케미컬이 들어 있는 건강식품이다. 이렇게 건강에 좋은 감자는 가뭄이나 장마에도 영향을 받지 않고, 지질에도 크게 구애를 받지 않아 구황작물로도 유명하다. 금전적으로 여유롭지 않았던 우리의 생태 밥상을 구황해 준 것도 감자였다. 감자는 소박하지만 생태적인 삶을 살던 시기에 우리를 든든하게 뒷받침해 주었다.

진짜 시골마을에서 살기

에베르스발데를 떠나 서독 지역 라인란드 팔츠 주의 진짜 시골마을인 게르바흐Gerbach에서 살 때, 생태적인 삶을 살던 나에게 위기가 찾아왔다. 다니엘의 직장 때문에 게르바흐에서 1년 조금 넘게 살았는데, 그곳에는 상점이 딱 세 군데 있었다. 마을 사람들의 사교의 장으로 펍과 레스토랑을 겸한 가스트슈테테Gaststätte, 빵을 파는 베커라이Buckerei, 도축한 고기와 소시지 등을 파는 정육점인 메츠거라이Metzgerei.

마을에 거주하는 가구수가 100가구를 조금 넘는 시골마을이라 상점이 들어선들 여간해서는 수지가 안 맞겠다 싶었다. 하지만 빵집은 그렇다 쳐도 나머지 두 곳이 펍과 정육점이라니!

독일이 어째서 소시지와 맥주의 나라로 불리는지 몸소 체험할 수 있었다.

게르바흐 근처에는 식료품을 살 만한 곳이 어디에도 없었지만 마을 주위로 사과나무나 체리나무(양벚나무) 같은 과일나무가 많이 있었다. 그런데 한동안 유심히 살펴보니 과일을 가져가는 사람이 우리 말고는 없었다. 과일이 땅에 떨어져 상하는 걸 마을 사람들은 대수롭지 않게 여겼다. 한번은 내가 농담 반 진담 반으로 다니엘에게 물었다.

"여기 사람들은 정말 빵, 고기, 맥주 말곤 필요한 게 없나 봐. 이렇게 신선하고 맛있는 과일을 가만두는 걸 보면."

그러자 다니엘이 멋쩍은 듯이 대답했다.

"안타깝지만, 이게 요즘 독일에서 쉽게 볼 수 있는 모습이야."

다니엘은 이런 현상이 게르바흐에만 국한되진 않는다고 덧붙였다. 일일이 과일을 따서 켈러에 보관해 두는 수고를 하지 않아도 필요할 때마다 차를 몰고 마트에 가서 포장 진열된 과일을 사 먹는 것이 더 편하기 때문이다. 하기야 우리나라에 비해 과일값이 저렴한 편이니 사람들은 별 생각 없이 마트로 향하는 걸지도 모르겠다.

고개 너머 장 보러 가기

게르바흐에서 쇼핑이 가능한 가장 가까운 도시는 약 12km 정도 떨어진 곳에 있었다. 마을버스를 타야 갈 수 있는 곳이다. 문제는 마을버스가 평일에는 아이들 등하교 시간대에 맞춰 다니고, 방학이 되면 운행을 중단한다는 것이다.(말이 대중교통이지, 스쿨버스나 다름없었다.) 당시 우리는 차가 없어서 급한 볼일이 있을 때마다 택시를 이용했는데, 택시도 아무 때나 길에서 잡아탈 수 있는 게 아니었다. 마을 주민이 부업으로 운영하는 지역 택시라서 이용하려면 최소 하루 전에 정확한 시간을 정해 전화로 예약해야 탈 수 있었다.

참다못한 나는 일주일에 한 번, 50L짜리 배낭을 짊어지고 자전거로 장을 보러 다녔다. 평지라면 12km쯤 가뿐히 오갔을 테지만, 가는 길에 가파른 봉우리가 있어 쉽지 않은 여정이었다. 꽉 찬 배낭을 메고, 자전거 앞뒤 바구니에도 짐을 한가득 실은 채 봉우리를 넘어 집으로 돌아오는 길은 꽤나 험난했다.

우리집 밥상에 들어온 쌀

게르바흐에서는 유기농 농장을 찾는 것도 일이었다. 부식거리라도 길러 보려고 텃밭 농사를 알아봤지만 외부인인 우리에게 땅을 빌려 주는 곳이 없었다. 문명의 혜택을 받은 몇몇 집을 제외하고는 돈을 준다 해도 인터넷 서비스조차 받을 수 없었다. 게르바흐는 내 고향 구례보다 훨씬 더 시골이었다. 전화 통화 말고는 외부와 연락이 거의 불가능한 단절된 삶을 살다 보니 가족이 그립고, 한국이 그립고, 쌀밥이 그리웠다.

근처에 유기농 농장이 없으니 지역에서 나는 곡물을 구입하는 것도 여의치 않아 어쩌다 한 번 큰 도시로 나갈 때마다 유럽산 유기농 쌀을 사 왔다. 지금 생각해 보면 단절된 삶에서 오는 결핍과 고향에 대한 향수를 쌀밥으로 해소하려던 게 아니었나 싶다.

그리하여 우리 집 밥상에 쌀이 등장했다. 물론 하얀 쌀밥은 아니고 다양한 곡물을 섞은 잡곡밥을 짓기 시작한 것이다. 물론 감자나 파스타로 끼니를 때울 때도 있었지만, 저장 감자가 떨어지고 새 감자가 나오기 전인 늦봄과 여름에는 다양한 종류의 곡물을 섞은 잡곡밥을 지었다. 당시 이삼 일에 한 번 꼴로 밥을 지었는데, 건강하고 맛있는 밥 짓기는 내게 꽤 중요한 일이 되었다.

내가 짓는 밥은 크게 세 종류가 있다. 현미를 기본으로 하여 여러 잡곡을 섞어 짓는 한국식 '통현미 잡곡밥', 현미 잡곡밥에 말린 토마토나 허브, 버섯 등을 넣고 간을 해 짓는 '서양식 영양밥(일종의 리소토)', 좁쌀 크기의 작은 곡식과 통곡물을 좁쌀처럼 부수어 짓는 '좁쌀 잡곡밥'이다.

이중 통현미 잡곡밥이나 서양식 영양밥은 살짝 발아시켜서 밥을 지어야 부드럽고 맛있는 잡곡밥이 된다.

잡곡 발아

잡곡을 발아시키려면 밥을 짓기 전에 원하는 양의 잡곡을 뚜껑이 있는 유리병이나 냄비에 넣고 물에 충분히 불린다.(겨울에는 이삼 일, 한여름에는 하루이틀 정도.) 이때 주의할 점은 하루에 두세 번 찬물에 헹구는 것이다. 또 벌레가 꼬이지 않도록 뚜껑을 잘 덮어 둔다.

시간이 지나 통곡물에 살짝 싹이 트면 비타민 함량이 높아지고, 식감이 부드러워진다. 또 조리 시간도 단축된다. 한국에서는 100퍼센트 통곡물 현미밥을 꺼려하는 사람들을 위해 겉껍질의 깎은 정도에 따라 다양한 종류의 현미를 팔고 있다. 도정한 현미가 쌀에 비해 영양가는 높지만, 도정하지 않은 통현미에 비할 바는 아니다. 그런 면에서 집에서 살짝 발아하여 끓인 통곡물밥은 씹는 질감과 영양 모두 만족할 만하다.

발아 현미 통곡물밥을 지을 때는 냄비에 발아한 잡곡 양 두 배의 물을 붓고 중간 불에서 끓이다가 밥이 끓으면 약한 불로 줄여 뜸을 들인다.

세상에 뿌려진 다양한 곡식들

잡곡은 말 그대로 생명력이 강해 '잡초처럼 잘 자라는 온갖 곡식'을 뜻한다. 이런 잡곡은 쌀이나 밀처럼 끊임없이 개량하여 대량 생산하는 주요 곡식들과 달리 웬만해서는 알아서 잘 여문다.(심지어 척박한 토양에서도!) 잡곡은 영양적인 측면 말고도 생산 과정이 매력적인 작물이다.

내 경험상 잡곡은 생장과 수확보다 수확한 뒤에 '어떻게 곡물 알갱이를 겉껍질과 잘 분리해 먹을 만한 상태로 만드느냐(탈곡)'가 더 중요하다. 우리는 잡곡을 자급자족할 만한 땅이 없다. 하지만 그 전에 껍질과 티끌과 곡물 알갱이를 일일이 분리하는 것이 어렵고 손도 많이 가는 작업이라 잡곡 농사에는 쉽사리 도전하지 못한다. 그래서 곡물 대부분은 사서 먹는데 독일에서 생산되는 스펠트 밀이나 귀리, 메밀 등은 꼭 독일산으로 산다. 또 기후 문제로 생산이 힘든 쌀이나 기타 곡물은 이탈리아산, 그 외에 퀴노아 같은 수입 곡물은 공정무역 제품으로 각각 지역 농부나 유기농 가게, 공정무역 가게 등에서 구입한다.

아주 작은 알곡 아마란스

아마란스Amaranth는 남아메리카 안데스 산맥의 고산 지대에서 약 5000년 전부터 재배되었다. 비름 속 식물인 아마란스는 엄밀히 말해 곡식에 속하지는 않는다. 다만 최근에 유기농 붐을 타고 뮤즐리(곡식, 견과류, 말린 과일 등을 섞은 것으로 아침식사 대용으로 우유에 타 먹는 것)나 빵, 디저트 등의 원료로 사용되고 있다. 나는 좁쌀 잡곡밥을 지을 때 조금씩 섞는데 알곡 크기가 작은 데 비해 씹을 때마다 입 안에서 톡톡 쏘는 듯한 식감을 주어 씹는 재미가 있다.

아마란스에는 마그네슘을 포함한 각종 미네랄 및 비타민 B, E이 풍부하다. 단백질 함유량도 다른 곡물에 비해 13~18퍼센트 정도 높고, 대부분의 필수아미노산을 함유하고 있어 꽤 좋은 단백질원이다. 특히 다른 곡식에는 적게 든 리신이 풍부하여 다른 곡물과 혼합하여 먹으면 부족한 영양소가 보충된다. 또한 아마란스 잎에는 철과 마그네슘, 칼슘과 비타민 A와 C, 엽산도 풍부한데 시금치처럼 데치거나 볶아서 먹을 수 있다.

나는 곡식을 얻을 요량보다 관상용으로 아마란스를 기르는데, 붉은 빛을 뽐내는 아마란스는 우리 집 텃밭의 미관을 담당한다.

단백질의 보고, 퀴노아

퀴노아Quinoa는 안데스 산맥의 고원에서 자라는 곡물로 원산지는 페루와 볼

우리 집 식탁을 책임지고 있는 통곡물

리비아 등으로 알려져 있다. 콜럼버스가 아메리카 대륙을 발견하기 전까지 잉카 제국에서는 '슈퍼 푸드'라 불리며 주식으로 경작되었다.

쌀이나 밀에 뒤지지 않을 열량(368kcal/100g)을 내는 퀴노아는 단백질 함량이 높다. 뿐만 아니라 모든 필수아미노산의 권장량을 포함하고 있으며 콩과를 제외한 곡물 중에서 식이섬유를 가장 많이 함유하고 있는 걸로도 유명하다. 필수지방산과 자연 산화방지제인 비타민 E가 풍부하여 산화가 쉬운 필수지방산의 변질을 막고, 비타민 B군과 C, 철과 마그네슘, 아연, 인, 칼륨, 칼슘 등의 미네랄도 풍부한 완전식품이다.

퀴노아 알곡 표면에는 쌉싸래한 맛을 내는 사포닌이 붙어 있고, 미네랄의 체내 흡수를 방해한다는 옥살산도 포함하고 있다. 그러나 이것들은 조리 전에 물로 여러 번 헹구면 어느 정도 제거되므로 건강상의 문제가 되지는 않는다.
그 가치에 비해 잘 알려지지 않고 활용도가 낮았던 퀴노아는 1990년대 들어서면서 재조명되었다.(독일에서도 2000년대 중후반이 되어서야 대중들에게 알려졌다.) 2013년에는 퀴노아의 영양 가치를 인정받아 유엔이 정한 '세계 퀴노아의 해'로 지정되었다.

유럽에서도 인정한 스펠트 밀

빵이나 과자, 파스타를 만들 때 주로 사용하는 스펠트 밀Spelt wheat은 엠머 밀, 아인콘 밀과 더불어 고대 밀의 하나로 신석기 시대부터 재배되었다. 밀보다 생산성이 다소 떨어지지만, 재배 과정은 밀보다 훨씬 환경 친화적이다. 재배하는 동안 질소 비료 필요량이 적고, 가혹한 기후에 잘 적응하며 병충해에도 강하기 때문이다.
한국에는 스펠트 밀이 잘 알려지지 않았지만 유럽, 특히 독일, 스위스 등 독일어권 유럽 국가에서는 건강에 좋은 곡물로 인기가 높다. 맛이나 식감으로는 일반 밀과 크게 다르지 않지만, 영양적인 면만 두고 봤을 때는 탄수화물 함량이 낮고 단백질과 필수아미노산의 함량이 월등하기 때문이다.(미국 농림부 데이터베이스에 따르면 단백질 함량이 경질밀인 듀럼 밀과 비슷하다.) 또한 비타민 B군 중 니아신의 함량이나 비타민 E와 불포화 지방산도 일반 밀보다 훨씬 많이 들었다.
스펠트 밀로 된 식품으로는 껍질을 제분해 조리 시간을 단축한 취사용 스펠트 밀과 뮤즐리 등이 있다.

독일인이 사랑하는 그륀케른

독일에서 건강 식품점이나 유기농 가게에서 고가에 팔리는 그륀케른Gunkern

은 옅은 녹색빛이 도는 통곡물로 스펠트 밀이 완전히 여물기 전에 수확해서 말린 것이다. 그륀케른은 아주 우연한 기회에 수확이 시작되었다. 기후 조건이 맞지 않아 스펠트 밀이 익는 것을 기다리지 못하고 덜 익은 스펠트 밀을 수확하여 인위적으로 말리게 되었는데, 의외로 그 맛이 좋았다. 그 후로 스펠트 밀의 일부를 미리 수확하여 말리게 되었는데 그것이 바로 그륀케른이다. 그륀케른은 스펠트 밀과 다른, 독특하고 꽤 강한 맛과 향이 나는 것으로 유명하다.

rice recipe

제6영양소라고 불리는 식이섬유. 엄마 밥이 그리워 눈물을 흘리며 헛배를 움켜쥐었던 건 엄마의 사랑과 식이섬유가 부족해서였다.

두 가지 좁쌀밥

잡곡 좁쌀밥과 통곡물 좁쌀밥, 이 두 좁쌀밥의 주인공은 퀴노아다. 퀴노아 한 가지만 넣고 밥을 짓기에는 좀 밋밋하고, 주곡으로 쓰기에는 공정무역으로 들어오는 유기농 퀴노아 가격이 부담스럽다. 그래서 우리는 퀴노아 외에도 여러 잡곡을 섞은 혼합 잡곡밥을 주로 해 먹는다.(워낙 이것저것 섞어 먹는 걸 좋아하기도 하고.)

퀴노아에는 한국과 독일을 오가며 장거리 연애를 하던 시절의 아련한 추억이 담겨 있다. 2000년대 초반, 독일에 잠시 머무르다 한국으로 돌아가는 내게 다니엘이 퀴노아로 밥을 지어 주었는데, 비행기를 기다리며 눈물에 젖은 채 먹던 그 밥은 평생 잊지 못할 맛이었다.

잡곡 좁쌀밥 재료(4인분)

기장 160ml
좁쌀 잡곡 400ml
메밀, 백색 퀴노아,
적색 퀴노아, 아마인,
아마란스, 참깨 등
좁쌀 크기의 잡곡과
씨앗을 섞은 것
뜨거운 물 2컵

통곡물 좁쌀밥 재료(4인분)

통곡물 좁쌀 200ml
통밀, 보리, 호밀,
스펠트 밀 등을
작게 찧어 섞은 것
좁쌀 잡곡 200ml
메밀, 백색 퀴노아,
적색 퀴노아, 아마인,
아마란스, 적색 렌틸콩,
참깨 등을 섞은 것
뜨거운 물 2컵

만드는 법

1 좁쌀 잡곡이 빠져나가지 않도록 아주 촘촘한 체에 받쳐 물에 두어 번 헹군다.

2 두 가지 좁쌀밥 재료를 각각의 냄비에 붓고 뜨거운 물을 부어 센 불에서 끓인다.

3 밥물이 끓어오르면 약한 불로 줄여 15분 더 끓인 뒤에 불을 끈다.

4 뚜껑을 닫은 채로 10분쯤 뜸을 들인다.

서양식 영양밥

독일에서는 밥을 지을 때 꼭 밑간을 한다. 나는 독일식 밥 짓기에 부재료를 함께 넣어 맛을 내는 이탈리안 리소토를 응용하여 우리 집만의 서양식 영양밥을 만들어 먹는다. 특히 사시사철 우리 집에서 떨어질 새가 없는 주키니 호박을 활용하면 보다 특별한 요리를 만들 수 있다.

재료(2인분)

현미 200ml
잡곡 50ml
렌틸콩, 퀴노아, 아마인, 참깨 섞은 것
주키니 호박 1개
양파 1개
양송이버섯 1줌
마늘 1쪽
매운 고추 1개
오일에 재어 놓은 말린 토마토 2큰술
허브믹스 2~3술
생강 1/2쪽
잘게 썬 생허브 5큰술
소금 1/2작은술
물 2~2와 1/2컵
통후추 간 것 적당량

*허브 잎은 취향에 따라 바꿀 수 있다.

만드는 법

1 현미와 잡곡은 하루 전에 발아시켜 둔다.

2 발아한 현미와 잡곡에 물과 소금과 말린 토마토를 넣고 강한 불에서 끓인다.

3 밥이 끓어오르면 약한 불로 줄이고 현미가 충분히 익을 때까지 30분 정도 더 끓이고 나서 불을 끈다.

4 뚜껑을 닫은 채로 10분쯤 뜸을 들인다.

5 생강과 매운 고추, 마늘과 양파를 다진다.

6 주키니 호박은 두께 5mm의 부채꼴 모양으로 썬다.

7 양송이버섯은 먹기 좋은 크기로 썬다.

8 움푹한 팬을 달궈 물과 기름을 1큰술 두르고 5를 볶는다.

9 8에 6과 7을 넣고 함께 볶다가 소금으로 간을 하고 후추를 적당량 뿌린다.

10 9에 완성된 현미밥을 넣고 고루 섞는다.

11 잘게 썬 허브나 허브믹스를 넣고 다시 섞어 준다.

삼색 좁쌀 잡곡 볶음밥

할레로 오기 전에 잠깐 살았던 바이로이트Bayreuth에서 처음으로 한인 모임에 나갔다. 그 전에는 다른 외국인은 찾아보기 힘든 시골에서 사느라 한국 사람을 만날 기회가 전혀 없었다. 그런데 바이로이트에는 타지에 나와 사는 한국사람들을 살뜰히 챙겨 주던 마더 아주머니가 계셨다. 구정이나 대보름이 되면 마더 아주머니 댁으로 가 명절 음식을 나누고, 마음을 나누었다. 한입에 쏙 들어가는 삼색 좁쌀 잡곡 볶음밥은 그 모임에 가져갈 음식을 궁리하던 중에 탄생했다. 볶음밥으로 만든 간단한 요리지만, 과자틀로 찍어 내어 특별함을 더했다.

재료(4인분)

기장 160ml
좁쌀 잡곡 400ml
메밀, 백색 퀴노아,
적색 퀴노아,
아마란스, 아마인,
참깨 등을 섞은 것
옥수수가루 50ml
양파 2개, 당근 1개
감자 1개, 단호박 1/4개
브로콜리 1송이
양송이버섯 6개
적색 파프리카 1/2개
황색 파프리카 1/2개
녹색 파프리카 1/2개
김치 45g
뜨거운 물 1과 1/2컵
다진 루꼴라 2큰술
강황가루 2큰술
녹차가루 1큰술
파슬리가루 1큰술
적색 파프리카가루 1큰술
허브믹스 1작은술
식용유 약간
통후추 간 것 약간

만드는 법

1 기장과 좁쌀 잡곡, 옥수수가루를 냄비에 넣고, 뜨거운 물 1과 1/2컵을 부어 밥을 짓는다.

2 양파, 당근, 감자, 파프리카, 김치는 다지듯이 작게 썬다. 브로콜리는 밑동을 제외하고 잘게 다진다.

3 기름을 두른 팬에 2를 넣고 볶다가 채소가 익으면 브로콜리와 밥을 넣고 잘 섞는다.

4 미리 달군 팬에 기름을 살짝 두르고, 파프리카를 색깔별로 따로 볶는다. 적색 파프리카를 볶을 때는 김치도 함께 볶아 준다.

5 3을 삼등분하여 색깔별로 볶아 둔 4와 함께 섞는다. 이때 파프리카 색에 맞춰 강황가루, 녹차가루와 파슬리가루, 적색 파프리카가루를 넣는다.

6 소금으로 간을 하고 후추를 적당량 뿌린다.

7 완성된 볶음밥을 과자틀에 넣고 모양을 만든다.(과자틀에 기름을 살짝 바르면 밥이 달라붙지 않는다.)

좁쌀 잡곡밥 생채소 샐러드

가끔 파티에 초대를 받아 가면 쿠스쿠스 샐러드가 심심치 않게 나오는데, 좁쌀 잡곡밥 생채소 샐러드는 쿠스쿠스 샐러드에서 모티브를 얻었다. 듀럼밀을 살짝 찌거나 익혀 말린 뒤에 좁쌀 크기로 만든 쿠스쿠스 대신 좁쌀 잡곡밥을 넣으면 맛이나 영양가가 훨씬 좋다. 그래서 가끔씩 집에서 밥 병조림과 생채소를 이용해 만들어 먹는데 불을 쓰고 싶지 않은 무더운 여름날, 더위에 지친 심신을 회복할 수 있는 영양 만점의 간편 요리다. '샐러드'라는 산뜻한 이름이 붙었지만 한 끼 식사로도 나무랄 데 없이 좋다.

재료(4인분)

좁쌀 잡곡밥 병조림 500ml
토마토 1개, 양파 1/4개
적색 파프리카 1/3개
황색 파프리카 1/3개
녹색 파프리카 1/3개
오이 1/2개, 마늘 1/2쪽
아마인 2작은술
그린 올리브 약간
잘게 썬 허브 5큰술

양념 재료

레몬즙 2큰술
아가베시럽 1큰술
허브 맛간장 1큰술
매콤한 허브오일 3큰술
소금 약간
통후추 간 것 약간

* 허브는 취향에 따라 오레가노, 실파, 방아잎 등 서너 가지를 섞는다.

만드는 법

1 양파는 사방 0.5cm, 마늘은 0.2cm 크기로 잘게 썰어 소금으로 간을 한다.

2 볼에 좁쌀 잡곡밥 병조림을 붓고 포크로 밥알을 푼다.

3 토마토는 1cm 크기로, 양파와 파프리카 0.5cm 크기로 깍둑썰기 해 2에 넣고 소금 간을 한다.

4 레몬즙, 아가베시럽, 허브 맛간장, 매콤한 허브오일, 허브믹스를 한데 섞은 뒤 2에 넣고 고루 섞는다.

5 얇게 저민 올리브와 잘게 썬 허브를 넣고 젓가락으로 골고루 섞는다.

6 아마인은 마른 팬에 기름 없이 살짝 볶아 샐러드에 고명으로 올린다.

반찬 없이 밥을 어떻게 먹어요

나는 켈러에 두고 먹는 피클이나 장아찌, 김치 외에 밑반찬을 따로 해 두고 먹지 않는다. 그렇다고 허구한 날 한솥에 만드는 단품 요리만 해 먹는 것도 아니다. 서양식 영양밥인 리소토나 볶음밥에는 가볍게 샐러드를 내지만 찐 감자나 잡곡밥을 주식으로 할 때는 샐러드와 메인 요리 외에 반찬을 한두 가지 곁들인다. 냉장고가 없이 살다 보니 보통은 한 끼에 다 먹을 만큼만 만들지만 즐겨 먹는 찜이나 조림은 넉넉하게 만들어 병조림을 해 둔다.

사과 적양배추 찜

독일에서는 감자와 함께 사과 적양배추 찜을 즐겨 먹는다. 사과가 들어가 새콤달콤한 맛이 일품인 사과 적양배추 찜은 늦가을에 만들어 병조림으로 해 두면 이듬해 여름까지 먹을 수 있다.

재료

적양배추 큰 것 1통
사과 5개, 양파 2개
소금 1큰술
샐러드유 2큰술
조청 1~2큰술
통후추 간 것 넉넉히

*사과 대신 사과무스로 대체 할 수 있다.

만드는 법

1 양배추는 잘게 썰고, 양파는 다진다. 사과는 깍뚝썰기를 한다.

2 찜기에 양배추를 넣고 푹 익힌다.

3 냄비에 사과를 넣고 부드러워질 때까지 끓여서 2와 섞는다.(사과무스를 쓸 경우, 양배추가 익고 나면 바로 섞는다.)

4 팬을 달궈 기름을 살짝 두르고 양파 색이 노릇해질 때까지 볶다가 3과 섞고 소금과 후추로 간을 맞춘다. 취향에 따라 조청을 가미한다.

사과 적양배추 찜
당근 완두콩 찜
잎채소 무침

당근 완두콩 찜

당근 완두콩 찜은 감자에 곁들여 먹는 전형적인 독일 반찬이다. 잘 씻은 당근과 불린 완두콩을 찜솥이나 압력솥에 넣고 익혀 소금과 샐러드유로 간을 한다. 완두콩에 새싹이 나도록 불리면 조리 시간이 줄어들고, 식감도 부드러워진다.

재료

당근 1개
불린 완두콩 1컵
소금 1작은술
샐러드유 1큰술
잘게 썬 허브 2큰술
통후추 간 것 약간

*허브는 취향에 따라 회향이나 딜 등 두어 가지를 섞어 쓴다.

만드는 법

1 완두콩은 하루 정도 불려 살짝 새싹을 틔운다.

2 당근은 깨끗이 씻어 껍질을 벗겨 둔다.

3 압력솥에 스테인리스 찜용 채반을 넣고 당근은 통째로, 완두콩은 물을 약간 넣은 스테인리스 그릇에 담아 채반 위에 올린다.

4 잘 익은 당근을 1cm 크기로 둥글게 썰어 완두콩과 함께 소금, 오일, 허브, 후추를 넣고 잘 섞는다.

잎채소 무침

잎채소 무침은 야생인 명아주, 한련화, 아마란스나 퀴노아 같은 작물 잎사귀를 비롯하여 케일, 근대, 비트잎 같은 잎채소가 많은 우리 집의 단골 반찬이다. 한여름에 다섯 가지 이상의 잎채소로 만든 오채 무침은 그야말로 별미다. 매콤한 생고추 허브오일를 넣고 무치면 매운 맛을 좋아하는 내 입맛에 딱이다.

재료

잎채소 1소쿠리
근대, 케일, 명아주, 한련화잎, 고구마, 호박, 무잎, 고추, 파프리카 잎, 아마란스나 퀴노아 잎, 등 원하는 종류로 4~5가지
마늘 1쪽
생고추 허브오일 2큰술
허브 맛간장 3큰술
통후추 간 것 약간
잘게 썬 허브 2큰술

* 허브는 취향에 따라 실파와 회향 등 두어 가지를 섞어 쓴다.

만드는 법

1 끓는 물에 소금을 조금 넣고 잎채소를 데친다. 이때 케일과 무잎처럼 뻣뻣한 잎채소는 숨이 죽을 때까지 푹 익히고, 아마란스나 고구마, 한련화처럼 부드러운 잎채소는 살짝 데친다.

2 데친 채소를 찬물에 헹궈 물기를 짜낸 뒤 잘게 썬다.

3 넓은 볼에 다진 마늘, 생고추 허브오일, 허브 맛간장, 허브, 통후추 간 것을 넣고 잘 섞은 뒤 2를 넣고 손으로 골고루 버무린다.

CHAPTER 7

main

메인 요리

반려동물만 인간의 친구일까

내가 한국에서 왔다고 하면 많은 외국인들이 한국인은 정말 개를 먹냐고 묻는다. 그러고 나서 '어떻게 친구이자 가족 같은 개를 먹을 수 있느냐!'고 비난 섞인 어조로 말한다. 그때마다 나는 개를 먹는 것이 잔인한 행위임을 부인하지 않는다. 그와 동시에 소나 돼지를 먹는 것은 잔인한 일이 아닌지 되묻는다.

사실 내가 채식을 시작한 건 '생명 존중'이라는 윤리적인 이유가 아니었다. 환경을 생각하고 생태적인 삶을 살기 위해 생활 속에서 실천할 수 있는 일을 찾아낸 것이다. 그런데 이런 삶이 여러 해 지속되다 보니 자연스레 살생이 꺼려졌다. 아니면 어른이 되고, 살면서 잊고 있던 인간 본연의 선한 본성이 일깨워진 것인지도 모르겠다.

고기는 꼭 먹어야 할까

게르바흐에서 살던 시절 아버님 생신 때의 일이다. 부엌에 일손이 모자라 오븐에서 구울 고기말이 만드는 일을 도와야 할 상황이 되었다. 어머님의 배려로 나는 얇게 저민 고기 위에 채소를 올리는 걸 담당했다. 채소를 손끝에 쥐고 고기 누린내에 피가 뚝뚝 떨어질 듯한 생고기를 보고 있자니 속이 절로 메스꺼웠다. 다행히 다니엘과 시동생도 함께 거들어 주어 이런저런 이야기를 하며 요리에 집중할 수 있었다. 그러다가 고기 도축에 관한 이야기가 화제에 올랐다. 요리 중 도축 이야기가 무슨 말인가 싶겠지만, 다니엘과 내게는 너무 '자연스러운' 주제였다. 조리대 위 핏빛을 내며 놓여 있던 고깃덩이가 누군가의 눈에는 '먹거리'로 보였겠지만, 내 눈에는 '자신의 얘기를 해 달라'는 것처럼 보였으니까.

먼저 입을 연 건 다니엘이었다. 다니엘은 크리스마스 무렵 퇴근길에 본 잔혹한 광경에 대한 이야기를 꺼냈다.

"직장 근처 공터에서 수십 마리의 오리를 도축하는 모습을 봤어. 잘린 오리 머리가 여기저기에 널려 있고, 사방에 피가 튀고……. 잔인하고 소름끼치는 광경이었어."

다니엘은 마치 눈앞에 있는 것인 양 몸서리를 치며 말했다. 하긴 주변이 온통 들이며 밭이던 게르바흐라면 충분히 가능한 얘기다. 다니엘 이야기에 시동생은 텔레비전에서 본 대량 도축 과정을 꽤나 적나라하게 풀어놓았다. 그러고는 '만약 고기를 먹기 위해 스스로 도축을 해야 한다면, 선택의 여지없이 채식을 할 것'이라고 덧붙였다.

생각해 보면 어릴 때 집 앞에 있던 정육점은 '고기 잡은 날'을 정해 두고 돼지며 소를 커다란 갈고리에 걸어 길거리에 진열해 놓곤 했다. 커다란 맨 몸뚱아리가 쩍 갈라져 뼈와 살덩이가 고스란히 보이는 채로 말이다. 그 모습이 얼마나 무섭던지, 하굣길에 코를 틀어막고 손으로 눈을 가린 채 그 앞을 지나던 기억이 난다.

살생을 의뢰하다

날 때부터 채식인이었다는 헬렌 니어링은 그녀의 책에서 시카고 도살장의 일화를 소개한다. 어느 방문객이 도살자에게 '어떻게 이런 직업을 선택할 수 있었느냐?'고 물었다. 그러자 그는 '선생을 대신해 우리가 더러운 일을 하고 있을 따름이다.'라고 쏘아붙였다. 이를 두고 니어링은 '고기를 먹는 사람은 동물을 직접 죽이지 않고 누군가에게 살생을 의뢰하고 있는 셈이다.'라고 말했다. 생각해 보면 어린 나 역시 일주일에 한 번씩 마주쳤던 동물의 사체와 그토록 좋아하던 고기 요리를 연결지어 생각하지 못했다. 아직도 어린 시절의 나처럼 이중적인 태도를 갖고 있는 이들이 세상에는 여전히 많은 듯싶다.

요즘은 말끔하게 단장한 마트에서 잘 손질된 고깃덩이들이 비닐 팩으로 포장되어 진열 중이다. 그렇기에 옛날 정육점에서 볼 수 있던 도축의 적나라함은 조금도 볼 수가 없고, 사람들은 잘 포장된 고기를 골라 쇼핑 카트에 담으면 그만이다.

나는 생명 존중을 이유로 채식을 선택한 게 아니다. 또 '고기는 맛있게 먹지만, 피를 보는 것은 꺼리는' 어린아이도 아니다. 다만 입을 즐겁게 해 주는 고기 요리 이면의 잔인한 진실을 알게 되었고, 깔끔하게 진열된 포장육이 더 이상 식재료로 보이지 않을 뿐이다.

어디에서 어떻게 자랐을까

우리나라 사람들은 언제부터 개를 먹게 되었을까? 감히 짐작컨대, 농경을 중심으로 발달한 우리나라에서 소는 훌륭한 노동력을 지닌 가족 같은 존재였을 것이다. 그래서 가족이자 일꾼인 동시에 값비싼 재산인 소 대신 흔하디흔

한 개를 잡아먹었던 게 아닐까? 그런 이유로 개를 먹는 문화가 오늘날까지 이어져 왔던 것일 테고.

미국에서는 동물 배설물이나 오물 침전물, 일부 가축의 뼈나 사체 일부분, 혹은 안락사한 유기 반려동물의 사체를 갈아 동물 사료를 만든다고 한다. 또 어느 햄버거 체인에서는 햄버거 속 패티를 저렴하게 대량 공급하기 위해 전 세계 곳곳에 '축산 공장'을 만들고 있다.(그 축산 공장에서는 미국에서 만든 사료를 먹일 테고.) 그렇다면 왜 이런 일들이 생겨났고, 지속되고 있는 것일까?

그중 일부는 동물 학대에 가까운 환경에서 가축을 사육하고도 광고를 통해 이미지 세탁을 하는 기업에 책임이 있을 것이다. 그러나 동물들이 어떤 환경에서 사육되어 식탁에 오르는지 관심이 없었던 우리의 탓도 크다.

솔직히 나도 비건이 되기 전, 20년이 넘게 육식을 했지만 단 한 번도 동물들이 어떤 환경에서 사육되는지 관심을 가진 적이 없었다. 대한민국에 사는 대부분의 사람들(특히 보통의 십 대 청소년)이 그러하듯 내 미래를 위해 골머리를 앓아 가며 하루하루 열심히 살았다. 사는 게 바쁘고, 그 당시에는 인터넷이 흔하지 않아 관련 자료를 구하는 것도 쉽지 않았다는 것이 내 나름의 변명이다. 하지만 냉정하게 생각해 보면 나는 그런 유통 과정에 관심이 없어 몰랐던 것뿐이다. 그러니 그에 대한 책임에서 완전히 자유로울 수는 없다. 다만 고기의 이면에 감춰진 공정 과정을 알게 된 지금, 생태적인 식습관으로 책임 있는 변화를 꾀하고 있다. 나처럼 식습관을 완전히 바꿀 수 없다면 어디에서 무엇을 먹고 자란 고기인가를 '꼼꼼히 따져 책임 있는 소비를 하는 것'이 중요하다. 아니, 그 무엇보다 건강을 생각한다면 보다 세심하게 고기를 선택하고 소비해야 한다.

고기의 유통이나 소비에 관련된 이야기가 누군가에게는 다소 불편하고, 고기를 먹는 데에 윤리적인 부분까지 언급하는 건 지나친 일이라고 느껴질지도 모르겠다. 하지만 생태적인 삶을 지향하고 생태 밥상을 시작하려는 사람이라면 고기에 대한 부분은 꼭 짚고 넘어가야 할 필요가 있다. 내가 지금 먹는 고기가 어디에서 무엇을 먹고 어떻게 자라, 어떤 방식으로 도축되고 유통되어 밥상에 올랐는지를.

어디에서 어떻게 기른 식품을 먹을 것인가

윤리적으로 떳떳하면서도 가장 안전한 먹거리, 그것은 내가 직접 길러 바로 수확해 먹는 것이다. 단 화학 비료나 농약을 사용하지 않고, 생태적인 방법으로 기르는 걸 전제한다. 유기농 작물의 생태적인 정도를 따져 본다면, '자급자족〉지역산〉타지역산〉국내산〉수입산'의 순이 되지 않을까? 물론 관행농과 유기농을 뭉뚱그려 생각할 때는 이것보다 훨씬 복잡해질 수 있다. 작물 재배 방식과 가공 방법에 따라서 생태적인 정도가 다를 수 있기 때문이다. 심정적으로는 유기농이든 관행농이든 할 것 없이 국내산이 수입산보다 항상 더 생태적일 것 같지만, 따져 보면 그렇지 않은 경우가 적지 않다. 일례로 독일에서 파는 백설탕은 대부분 독일산 관행농 설탕무를 가공해서 만든다. 그런데 몇 년 전에 본 텔레비전 다큐멘터리와 신문기사에서는 이것이 열대지방에서 사탕수수를 가공해 만들어 와 독일에서 파는 것보다 덜 생태적이라고 한다.(독일산 설탕이 유기농일 경우는 이야기가 또 달라지지만.)

모든 소비를 생태적인지 아닌지 혹은 얼마만큼 더 생태적인지만 두고 결정할 수는 없다. 실제로 독일에 오기 전에는 유기농은커녕 국내산이라는 것만으로도 감지덕지 한 적이 많았다. 학생 신분으로 100퍼센트 유기농으로만 먹는 것이 경제적으로도 무리가 있었다. 한번은 이런 적이 있다. 두부는 국내산 콩으로 만든 게 제일인 줄 알았는데 유기농 두부가 출시되었다. 국내산과 유기농 두부의 가격 차이는 생각보다 크지 않았다. 그래서 유기농 두부의 성분표를 살펴보는데 원산지가 다름 아닌 중국! 그렇다면 중국에서 만든 유기농이었단 말인가?

내가 유기농을(특히 한국에서) 사는 건 나의 건강뿐 아니라 우리 논밭의 건강, 나아가 내가 사는 자연 환경을 위해서였다. 또 이런 내 작은 선택들이 모여 우리나라 식량 자급도를 높이고 좀 더 주체적으로 살고자 했던 마음도 컸는데 중국산 유기농이라니! 아무리 내가 유기농을 예찬해도 수입산 유기농 두부는 도저히 받아들일 수 없었다.

맨땅에 비건

생선은 물론이고 유제품이나 꿀 같은 간접적 동물성 식품도 전혀 먹지 않는 비건이 되기로 결정했을 당시, 나는 학창 시절 수업 시간에 배운 관행적인 식단이나 영양에 관한 단편적인 지식 외에는 아는 것이 전혀 없었다. 그래서 채식을 시작하고 처음 몇 년은 단백질 결핍으로 건강에 문제가 생기는 게 아닐까 불안했다. 지금 생각해 보면 채식을 위한 준비 과정 없이 '이제부터 채식을 해야겠다'는 생각만으로 시작한 참 무모한 도전이었다.

그렇다 보니 채식을 하는 내내 막연한 불안감을 늘 안고 있었다. 더욱이 오랜 세월을 약사로 일한 아빠가 "채식도 좋지만 우유나 요구르트 같은 유제품은 조금씩이라도 먹어 줘야 하지 않을까?"라며 걱정했을 때는 그 불안감이 최고조에 달했다. '이러다가 늙어서 골다공증에 걸리고, 허리가 굽는 건 아닐까?' 하는 생각을 떨쳐 내기가 쉽지 않았다. 그러던 때 접한 존 로빈스의 『음식혁명』은 비건 식생활에 대한 내 걱정을 단숨에 날려 주었다.

쉽게 결핍되지 않는 단백질

여기서 잠깐!

내가 비건이 되면서 가장 걱정했던 점은 동물성 단백질의 결핍으로 오는 부작용이었다. 결론부터 말하자면, 내가 우려하는 일은 절대 없을 것이다.

오랜 세월 식생활 전문가로 활동한 김수현 약사와 현미 채식으로 생활 습관병을 고치는 황성수 박사는 우리 몸은 현대 영양학에서 주장하는 것처럼 많은 양의 단백질 섭취가 필요하지 않다고 입을 모았다. 단백질은 인체가 필요하면 회수하여 재사용되기 때문이다. 두 사람은 되레 단백질 결핍보다 과잉을 더 걱정했다. 특히 동물성 단백질을 과다 섭취하면 소화하는 과정에서 위와 췌장에 과도한 부담을 주고, 배설되는 노폐물들이 신장에 부담을 준다. 또한 섬유질 부족으로 대장 내 유해균 증식과 유해가스 생성으로 대장 질환이 늘어나고, 알레르기 질환이 생기는 등 다양한 현대병이 발생할 수 있다.

현대 사회에 단백질 섭취가 부족한 사람은 거의 없다. 혹여 단백질 섭취가 부족하다면 그건 동물성 식품의 결핍에서 오는 문제가 아니다. 다양한 식물성 식품의 결핍 혹은 위산 분비에 따른 문제, 혈당의 롤링 등으로 체내에서 단백질이 비효율적으로 이용되기 때문이다.

거의 모든 음식에 들어 있는 단백질

채식으로 인한 단백질 결핍을 걱정하는 사람들이 있을까?

대부분의 음식물에는 소량이나마 단백질이 포함되어 있다. 특히 견과류나 버섯, 콩과 통곡물, 녹황색 채소류 등에는 생각보다 많은 양의 단백질이 들어 있다. 더 구체적으로 말하자면 견과류에는 15퍼센트, 씨앗류(콩)에는 20퍼센트, 채소에도 보통 3퍼센트의 단백질이 함유되어 있다. 그렇기에 견과류와 버섯, 콩과 통곡물, 신선한 채소를 충분히 먹는다면 그것만으로도 일반 성인 권장량 이상의 단백질 섭취가 가능하다.

미국농림부USDA 데이터 베이스를 바탕으로 몇몇 동식물성 식품의 단백질 함유량과 각 필수아미노산 함유량을 정리해 봤다. 그 결과 잡곡 및 콩과 씨앗류 등 식물성 식품은 달걀이나 닭가슴살 같은 동물성 식품과 비교해도 단백

우리의 단백질 공급을 책임지는 각종 콩류

질 함유량이 크게 뒤떨어지지 않았다. 꼭 음식으로 섭취해야만 한다는 필수 아미노산의 경우도 다양한 식물성 식품을 함께 먹는다면 문제가 될 것이 없다. 특히 퀴노아나 아마란스, 메밀과 치아시드Chia Seed, 스피룰리나Spirulina와 대두는 필수아미노산을 상당량 포함하고 있어 완전식품이라 일컫는 달걀 못지않은 양질의 단백질을 함유하고 있다. 그러니 동물성 식품을 먹지 않는다고 단백질 결핍을 걱정할 필요는 전혀 없다.

건강에 유익한 채식 생활

다니엘은 유전적으로 개암나무와 미루나무 등 꽃가루 알레르기를 타고났다. 대학에 막 입학한 2002년만 해도 봄철에는 콧물과 재채기가 끊이지 않아 밖에 돌아다니기가 괴로울 정도였다. 그건 시어머니나 다른 형제들도 마찬가지다. 그러나 채식을 시작한 뒤로 다니엘의 알레르기 증상은 서서히 완화되었고, 완전한 채식을 한 지 15년이 지나자 알레르기 증세가 말끔히 사라졌다.

한편 우량아로 태어나 해마다 10cm씩 클 정도로 건강 체질이었던 나는 어느 순간부터 빈혈을 달고 살았다. 기숙사 생활을 하던 고등학교 때부터 일 년에 한 번은 감기에 걸려 며칠간 자리보전할 정도로 크게 앓는 것이 연례행사였다. 특히 빈혈은 아빠가 챙겨 주신 철분제나 각종 영양제로도 좀체 해결될 기미가 보이지 않았다. 그런데 채식을 하고부터는 심각했던 빈혈도 사라지고, 정기적으로 앓아눕는 일도 없어졌다.

우리는 지난 15년간 채식이 건강에 유익하다는 것을 몸소 입증해 보였다. 완전 채식 생활은 우리를 좀 더 건강한 방향으로 이끌었다. 그와 더불어 우리 삶의 의식 변화를 언급하지 않을 수 없다. 우리는 식생활 변화를 거치며 삶과 세상에 대한 시선과 태도가 달라졌다. 많은 일에 감사하게 되었고, 주위를 돌아볼 여유도 생겼다. 이렇게 끊임없이 자연과 균형과 조화를 찾고 유지하고자 하는 마음이 우리 몸에도 긍정적인 영향을 끼친 게 분명하다.

세상에 뿌려진 먹거리

"너희는 도대체 무얼 먹고 사니?"

우리가 가장 많이 받는 질문 중 하나다. 재밌는 건 이런 질문을 하는 사람들 중에도 평소에는 고기 반찬 없이 한상 가득 차려 내는 한국 사람이 꽤 있다.

한국에 계신 부모님은 채식을 하는 막내딸이 먼 타국에서 어떻게 먹고 사는지 걱정이 많으셨다. 대학 시절 서울에서 자취를 할 때는 엄마가 재래식 간장으로 맛을 낸 비건 김치를 담아 주셨고, 시시때때로 밑반찬을 보내 주셨다. 철마다 고향에서 나는 과일이며 친환경 잡곡 등을 먹기 좋게 손질해 보내는 게 부모님의 또 다른 일과였는데 막 결혼한 딸을 외국에 두고 얼마나 애달팠을까?

어쨌든 나와 다니엘의 답은 간단하다.

"세상에 먹을 게 얼마나 많은데! 집 안팎으로 먹거리가 한가득인걸! 사람은 좀 더 창의적인 요리(식재료에 대한 틀을 깨고)를 할 필요가 있어."

실제로 식물성 식품은 동물성 식품보다 먹거리 선택의 폭이 훨씬 넓다. 채소만 해도 잎채소, 줄기채소, 뿌리채소 외에 나물거리며 샐러드용 채소에 양념으로 쓰는 야생초와 허브에 이르기까지……. 일일이 나열하기 벅찰 정도다. 그러다 보니 창의적이고 새로운 요리를 만들어 낼 가능성도 분명 더 많다.

우리가 그중 야생초를 좋아하는 가장 큰 이유는 자연의 생기를 그대로 섭취할 수 있어 몸에 좋고, 따로 경작할 필요 없이 절로 자라나는 매우 효율적인 작물이기 때문이다. 만약 그것이 우리 입에 맞지 않았다면 아무리 건강에 유익하다는 걸 알아도 먹는 게 고역이었을 것이다. 그러나 감사하게도 야생초는 대부분 꽤 맛있다. 익혀 먹기만 하던 채소를 생으로 먹고 맛의 신세계를 발견할 때도 많다. 평소 텃밭에서 채소나 허브를 수확하며 조금씩 맛을 음미하는 데에 재미가 들인 나는 부엌에서도 요리를 하기 전에 식재료를 한 입씩 잘라 꼭 맛을 본다.(생으로 먹어서는 안 된다고 하는 채소도 아주 소량은 해롭지 않았다.) 생감자도 종류에 따라 아린 맛의 정도가 다르고, 아린 맛이 거의 없는 종자가 있다는 것도 경험으로 알아냈다.

무엇을 먹을까

요즘은 손쉽게 고기 대체 식품을 구입할 수 있다. 밀단백고기나 콩고기, 두부 베이스로 만든 소시지 등 다양한 제품들이 개발되었다. 대부분 질감이나 맛이 고기에 뒤처지지 않는다. 채식을 하면서도 고기 맛을 잊지 못하는 이들에게 굉장히 유용할 것이다.

그렇지만 예전 습관대로 화려하고 이국적인 먹거리를 찾거나 식재료만 식물성으로 바꿔서는 생태 밥상의 의미가 축소될 수밖에 없다. 생태 밥상의 기본은 지역 산물을 중심으로 소박하더라도 재료 본연의 맛을 십분 활용하는 음식에서 비롯된다.

식단 그 자체로만 보자면 우리나라처럼 다양한 채식 밥상을 차릴 수 있는 식문화는 그 어디에도 없다. 사시사철 바뀌는 나물이며 셀 수 없이 다양한 김치와 장아찌, 콩을 원료로 하는 각종 발효식품과 두부, 또 이런 재료와 음식으로 차려낸 소박하면서도 격이 있는 사찰 음식까지. 한국의 식문화는 비건에게 축복이라 할 만하다.

고기일까 아닐까

우리 부부도 가끔은 유기농 두부 소시지나 비건 햄 같은 완제품을 사 먹을 때가 있다. 하지만 자주 먹기에는 가격이 부담스럽다. 또 시간이나 능력이 되는 한 직접 만들어 먹고자 노력하기 때문에 완제품 구입은 손에 꼽을 정도다.

집에서도 시판되는 완제품에 못지않은 다양한 메인 요리를 직접 만들 수 있다. 두부는 전분 옷을 입히거나 그대로 구워 먹는 것 외에 다양한 조리법으

독일에서 비건들을 위해 개발, 판매되는 두부와 소시지, 만두, 햄 등의 고기 대체 식품

로 그 모습이 변화무쌍해지는 비건 요리계의 다크호스다. 으깨어 두부 스크램블을 만들거나 으깬 두부에 잘게 썬 허브나 으깬 채소를 섞어 두부 완자를 만들 수도 있다. 또 다른 채소와 함께 반죽해 굽거나 쪄서 두부 스테이크를 만들 수도 있다.

콩류는 콩조림을 하거나 그대로 삶아 죽염이나 올리브유, 후추, 허브 등으로 양념해서 먹는다. 콩가루를 물에 반죽하거나 삶아서 으깬 콩에 두부를 섞어 달걀찜 같은 콩찜을 만들기도 하고, 콩가루나 삶아 으깬 콩을 채소와 허브로 반죽해 굽는 콩 스테이크를 만들 수도 있다.

버섯은 튀김옷을 입혀 버섯탕수를 하거나, 곡물가루 옷을 입혀 버섯 스테이크를 만들어 먹는다. 버섯은 잘게 썰어 두부 스테이크 반죽에 함께 넣어 구우면 맛과 향이 좋아진다. 글루텐 가루는 견과류나 비트처럼 색이 강한 채소를 갈아 반죽하면 고기와 질감이 비슷한 요리를 만들 수 있다.

그 외에 가지나 샐러리 뿌리, 돼지감자 등 몇몇 채소로 만든 구이도 재료를 모르고 먹는다면 정체를 알아채지 못할 정도로 색다른 맛을 낸다.

main recipe

폴 매카트니는 '세상을 구하고자 한다면, 꼭 해야 할 일이 바로 고기를 끊는 일이다.'라고 말했다. 그런 의미에서 나 역시 생태적으로 더 나은 삶을 위해 채식을 시작했다.

두부 채소 꼬치구이

한여름에 볕이 좋은 날이면 독일 곳곳에는 바비큐를 굽기 위한 숯불이 피어오른다. 주로 소시지나 스테이크 같은 고기류와 고기에 곁들여 먹을 옥수수와 양파, 주키니 호박 등 채소를 굽는다.

우리는 매해 7월 즈음에 이웃과 함께 여는 여름 파티 때마다 두부를 이용한 꼬치구이를 준비한다. 그중 두부 채소 꼬치구이는 비건 손님들을 위해 내놓는데, 비건이 아닌 사람들에게도 꽤 인기가 좋다. 몇 년 전 여름, 열분해오븐을 시연할 겸 오븐에 불을 붙여 팬에 꼬치를 구워 냈는데, 굽기가 무섭게 금세 동이 났다.

채소 따로 두부 따로 굽는 것보다 꼬치에 함께 꽂아 팬에 구우면 채소 맛과 향이 두부에 스며들고, 각 재료의 풍미를 더한다. 레시피 재료에 적힌 대로만 따라하지 말고, 두부와 버섯 외에 부엌에 남아 있는 자투리 채소를 꼬치에 꿰어 먹는 건 어떨까? 맛있게 구워진 꼬치는 허브 카레 토마토케첩이나 달콤한 샐러드용 허브 맛간장을 찍어 서양식 영양밥과 함께 먹어도 좋다.

재료(18개 기준)

두부 1모, 가지 1/4개
주키니 호박 1/2개
적색 파프리카 1/2개
황색 파프리카 1/2개
녹색 파프리카 1/2개
작은 양송이 버섯 18개
방울 토마토 18개
씨 없는 그린 올리브 18개
깻잎 18장
허브 맛간장 3~4큰술
통후추 간 것 약간

*계절에 따라 채소의 구성은 바꿀 수 있다.

*올리브를 고를 때는 가능하다면 바다소금을 넣어 병조림한 유기농 그린 올리브를 쓰도록 하자.

만드는 법

1 두부는 깍둑썰기 하여 36개를 만든다.

2 두부는 납작한 접시에 올려 허브 맛간장을 고루 바르고 후추를 뿌려 재워 둔다.

3 파프리카는 두부 크기로 18조각 준비한다. 주키니 호박과 가지는 두께 1cm로 18조각을 준비한다.

4 준비한 재료를 주키니 호박-적색 파프리카-두부-깻잎-황색 파프리카-양송이버섯-두부-깻잎-녹색 파프리카-가지-방울토마토-올리브 순으로 꼬치에 꽂는다. 이때 깻잎은 반으로 잘라, 두부 단면 크기 정도로 접어 꼬치 사이사이에 끼운다.

5 잘 달군 무쇠 팬에 기름을 살짝 두르고 꼬치를 굽는다.

허브 카레 토마토케첩 만들기

재료(200ml)

양파 1개
마늘 1/2쪽
생강 1/2쪽
케첩 500ml
올리브유 1작은술
허브믹스 4작은술
카레가루 3작은술
통후추 간 것 약간

*취향에 따라 사과 반쪽(혹은 사과무스)을 깍둑썰기 하여 뭉근하게 끓여 넣어도 좋다.

만드는 법

1 양파, 마늘, 생강을 잘게 썬다.

2 미리 달군 팬에 올리브유와 물 1큰술을 넣고 1을 볶는다.

3 2에 케첩을 넣고 뭉근하게 끓이다가 카레가루, 허브믹스, 통후추 간 것을 넣고 잘 섞는다.

4 케첩이 따뜻할 때 두부 채소 꼬치구이와 함께 낸다.

두부 채소 스테이크

두부 채소 스테이크는 한국의 동그랑땡에서 힌트를 얻은 요리다. 두부와 다른 채소를 갈다시피 잘게 썰어 거친 옥수수가루를 입혀 구우면 겉은 바삭하고 속은 부드러운 스테이크가 된다. 신선한 허브를 넉넉히 넣어 향긋함을 더하면 지중해의 풍미가 느껴진다.

재료

두부 1모
표고버섯 3개
양파 1개, 당근 1개
주키니 호박 1/2개
적색 파프리카 1/2개
황색 파프리카 1/2개
녹색 파프리카 1/2개
거친 옥수수가루 약간
콩가루 약간
통곡물가루 약간
식용유 약간
잘게 썬 허브 5큰술
　파슬리, 실파,
　마늘잎, 회향잎
소금 1작은술
통후추 간 것 약간

*허브는 취향에 따라 바꿀 수 있다.

만드는 법

1 채소는 칼로 잘게 썰거나 믹서로 굵게 다져서 물기를 빼 둔다. 두부는 꽉 짜서 물기를 빼고 으깬다.

2 큰 볼에 채소와 두부, 소금, 후추, 허브를 넣고 섞다가 콩가루와 통곡물가루를 약간 넣어 손으로 치댄다.

3 손에 식용유를 약간 묻히고, 손바닥 절반 정도의 크기로 납작하게 눌러 스테이크 모양을 잡아 옥수수가루를 입힌다.

4 미리 달군 팬에 식용유를 두르고 노릇하게 굽는다.

콩 스테이크, 팔라펠

팔라펠[Falafel]은 중동 지역의 전통 요리로 원래는 병아리콩에 마늘과 커민, 허브 등 향신료로 맛을 낸 요리이다. 동그란 모양으로 한입에 쏙 들어가는 크기로 빚거나 넓고 두툼하게 빚어 콩 스테이크로 만들어 먹는다. 보통 콩을 삶아서 으깨거나 믹서에 갈지만, 마른 콩을 가루로 빻아 준비해 둔 양념과 함께 섞으면 간편하게 만들 수 있다. 병아리콩 대신 완두콩이나 동부콩 등 쉽게 구할 수 있는 국내산 콩으로 만들어도 좋다.

병아리콩 팔라펠 재료
(만들기 편한 분량)

병아리콩가루 150g
허브믹스 2작은술
양파 1/2개
회향 잎과
부추 다진 것 1줌

완두콩 팔라펠 재료
(만들기 편한 분량)

완두콩가루150g
파슬리가루 2작은술
양파 1/2개
부추 1줌(또는 마늘잎)

렌틸콩 팔라펠 재료
(만들기 편한 분량)

적색 렌틸콩가루150g
적색 파프리카가루 2작은술
허브믹스 2작은술
양파 1/2개
부추 1줌(또는 마늘잎)

공통 양념 재료(각 종류별)

카레가루 1작은술
마늘가루 1작은술
양파가루 1작은술
소금 1작은술
후추 1/2작은술
뜨거운 물 1컵

만드는 법

1 각기 다른 볼에 각 재료와 양념을 넣고 고루 섞는다.

2 1에 뜨거운 물을 붓고 나이프로 잘 섞다가 잘게 다진 양파와 허브를 넣고 섞는다.

3 손에 식용유를 약간 묻히고 찻숟가락으로 조금씩 떠서 동그랑땡 모양이나 작은 구슬 모양으로 빚는다.

4 미리 달군 팬에 기름을 넉넉히 붓고 둥글려 가며 노릇하게 굽는다.

구이 채소 두부 타워

한 끼 잘 차려서 먹고 싶거나 채소만으로도 배를 두둑하게 채우고 싶을 때 추천하는 것이 바로 구이 채소 두부 타워다. 평소 즐겨 먹지 않는 채소들을 오븐이나 팬에 구워 소금만 살짝 뿌려 먹어 보자. 채소를 구우면 채소의 단맛이 더해지고 채소 자체의 향과 맛이 살아나서 복잡하게 조리한 것보다 훨씬 맛있다.

오븐에 채소만 넣고 구우면 에너지 낭비가 우려되므로 다른 용도로 오븐을 쓸 때 자투리 공간을 이용해 한쪽에서 채소를 함께 굽는다. 아니면 팬에 기름을 두르고 굽거나 칼로리를 아주 낮추고 싶다면 채소에 기름 대신 물을 발라서 굽거나 찜기에 쪄도 좋다.(하지만 맛있는 걸로만 따지면 역시 기름에 굽는 것을 따라올 수 없다.)

여기에 소개한 것은 구이 채소 위에 삶아서 으깬 감자 샐러드와 생토마토 절반을 올려 신선함을 강조했다.(감자와 토마토를 통으로 썰어 구워서 올려도 좋다.) 또한 레시피에 나온 재료 외에 파프리카나 고구마 등 다양한 채소를 활용할 수도 있다. 접시 가장자리에 장식한 잎샐러드는 민들레나 루꼴라처럼 맛과 향이 강한 것을 추천한다. 하지만 돌나물이나 양상추 같은 맛이 약한 종류도 좋다.

구이 채소 두부 타워는 묵직한 간장 소스 외에 으깬 딸기류에 레몬즙만 넣어 만든 새콤달콤한 과일 소스도 잘 어울린다.

My
Kitchen
eco

재료(4인분)

주키니 호박 1개
노란 늙은 호박 1/4통
두부 1모, 양파 1개
가지 1개
삶은 감자 600g
육두구(넛맥) 약간
소금 약간
잘게 썬 허브 2큰술
샐러드유 2큰술
한련화 잎 8장(또는 잎채소)
민들레와 루꼴라 잎 8줌
통후추 간 것 약간

*허브는 취향에 따라 회향과 딜, 오레가노 등 서너 가지를 섞어 쓴다.

만드는 법

1 주키니 호박, 가지, 양파는 두께가 1.5cm로 둥글게 4조각 썬다.

2 늙은 호박과 두부는 두께 1.5cm로 4조각 썰어 동그란 과자 틀로 찍어 둔다.

3 준비된 채소는 겉면에 기름을 발라 180~200°C로 예열한 오븐에서 15~20분간 굽는다.

4 감자는 껍질을 벗겨 으깨고 허브, 육두구, 후추, 소금을 넣고 잘 섞는다. 양념된 감자는 1.5cm 두께로 눌러 펴서 동그란 과자 틀로 4조각 찍어 낸다.

5 오븐에서 채소를 꺼내 두부-한련화 잎-가지-늙은 호박-주키니 호박-양파-한련화 잎-으깬 감자-토마토 절반 순으로 쌓아 올리고 긴 꼬치로 채소탑을 고정시킨다.

6 접시에 5를 올리고 민들레와 루꼴라로 장식한다. 완성된 접시에 허브 맛간장 발사믹 소스를 뿌려 낸다.

허브 맛간장 발사믹 소스

소스 재료

통곡물가루 1작은술
허브 맛간장 4큰술
물 6큰술
조청 1작은술(또는 효소)
발사믹 식초 1/2작은술
통후추 간 것 약간

만드는 법

1 마른 팬에 곡물가루를 넣고 살짝 볶는다.

2 물과 허브 맛간장을 넣고 뭉치지 않게 잘 푼다.

3 조청을 넣고 나무주걱으로 저으며 약한 불에서 끓인다.

4 소스가 걸쭉해지면 발사믹 식초와 통후추를 넣고 한 번 더 살짝 끓인다.

다양한 소스의 세계

허브 카레 토마토케첩과 허브 맛간장 소스 외에 메인 요리에 곁들일 만한 소스 몇 가지를 더 소개하고자 한다. 일반적인 소스 조리법에는 보통 정제한 녹말가루나 백밀가루를 많이 쓰는데 우리 집에서는 통곡물가루나 잡곡가루를 주로 사용한다. 밝은 색 소스에는 색이 연한 현미나 기장 등 통곡물가루나 우리밀 통밀가루처럼 약간 정제한 가루를 쓰고, 색이 진한 소스에는 우리밀 전립분, 호밀, 메밀, 스펠트 밀 등 종류에 상관없이 100퍼센트 통곡물가루를 쓴다. 통곡물가루를 사용하면 건강에 유익한 것은 물론이고 소스 맛도 한층 더 고소해진다.

양송이버섯 소스

양송이버섯은 손질법에 따라 식감이 다른 다양한 소스를 만들 수 있다. 특히 버섯을 크게 편으로 썰어 사용하면 장식 효과까지 낼 수 있다.

재료

양송이버섯 10송이
양파 1개
통곡물가루 2큰술
허브 맛간장 4큰술
물 300ml
조청 약간
통후추 간 것 약간
식용유 약간
다진 허브 약간

* 허브는 취향에 따라 파슬리, 실파 등 두어 가지를 섞어 쓴다.

만드는 법

1 양파는 잘게 썰고, 양송이버섯은 편으로 썬다.

2 미리 달군 팬에 기름을 두르고 양파를 볶다가 노릇해지면 양송이버섯을 함께 넣고 볶는다.

3 통곡물가루를 물에 잘 개어 2에 붓는다. 허브 맛간장으로 간을 맞추고, 바닥이 눌어붙지 않게 저으며 익힌다.

4 소스가 걸쭉해지면 불을 끄고, 후추와 허브를 넣고 다시 한 번 젓는다.

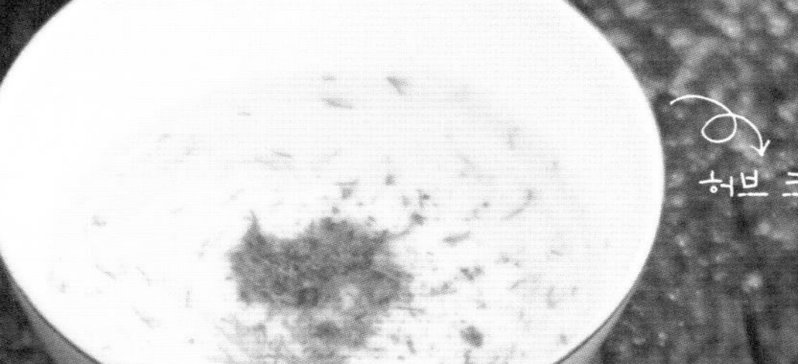
양송이버섯 소스
김치 소스
허브 크림 소스

김치 소스

김치 소스는 기름에 부치거나 구워서 느끼해질 수도 있는 메인 요리에 특히 잘 어울린다. 잘 익어 새콤한 김치 국물이 기름진 요리의 느끼함을 잡아 준다.

재료

신김치 국물 6큰술
다진김치 2큰술
작은 양파 1개
통곡물가루 2큰술
식용유 1큰술
물 300ml
조청 2작은술
다진 허브 4큰술
소금 1/4작은술
통후추 간 것 약간

*허브는 취향에 따라 파슬리, 실파 등 두어 가지를 섞어 쓴다.

만드는 법

1 양파는 잘게 다져 미리 달군 팬에 식용유를 두르고 노릇해질 때까지 볶는다.

2 김치를 양파와 함께 살짝 볶는다.

3 물과 김치 국물에 곡물가루는 넣고 멍울이 생기지 않게 잘 갠다.

4 2에 3을 붓고 조청과 소금을 넣어 간을 맞추고 주걱으로 눌어붙지 않게 저으며 익힌다.

5 소스가 걸쭉해지면 불을 끄고, 다진 허브와 통후추 간 것을 넣고 잘 섞는다.

허브 크림소스

허브 크림소스는 아스파라거스나 브로콜리 등 데친 채소와 잘 어울린다. 나는 허브 페스토로 만들어 둔 딜이나 회향을 넣는데 바질이나 오레가노 등 생허브 다진 것을 사용해도 좋다.

재료

밝은색 통곡물가루 2큰술
식용유 2큰술
소금 1/2작은술
레몬즙 1큰술
무가당 두유 1컵
허브 페스토 4작은술
설탕 1작은술
통후추 간 것 약간

만드는 법

1 중간 불에 팬을 달궈 기름을 두르고 통곡물가루를 갠다.

2 1이 끓기 시작하면, 불에서 팬을 내리고 차가운 두유를 부어 통곡물가루가 뭉치지 않게 잘 푼다.

3 소금과 레몬즙, 당분을 넣고 간을 맞추고 바닥이 눌어붙지 않게 나무주걱으로 저으며 약한 불에서 끓인다.

4 소스가 걸쭉해지면 불을 끄고 허브 페스토와 통후추를 넣어 잘 섞는다.

CHAPTER 8

bread

자연을 담은 빵과 케이크

vom Niederrhein
OBST SAAT BROT
4 25
ÖLSAAT BROT
1kg
4 40
REINES ROGGEN
1kg
3 60
SONNEN HAFER
3 80
900gr
4 30
ROGGEN DINKEL
500gr
2 45

빵의 나라 독일

전 세계를 통틀어 건강한 빵이 이렇게 다양하게 만들어지는 나라는 독일뿐이 아닐까 싶다. 요리에 자부심이 대단한 프랑스조차 독일의 제빵 기술과 종류를 따라오지 못할 정도다. 각종 잡곡과 견과류로 만든 독일 빵은 쫄깃함과 바삭함을 자랑하는 바게트나 부드러운 식감의 식빵에 비할 바가 아니다. 특히 식사용 빵은 기본재료가 곡물가루와 물이다. 효모나 천연발효종, 반죽 발효법도 다양하고, 재료 제분도에 따라서 백밀빵에서 통곡물빵까지 그 종류가 셀 수 없이 많다. 그럼에도 100퍼센트 완전 통곡물가루로 만들거나 100퍼센트 천연발효종으로 만든 빵은 독일 내에서도 사 먹기 쉽지 않아 빵의 나라 독일에서 나만의 제빵에 도전하기로 했다.

달콤한 유혹

점심과 저녁 사이 오후 3시 반에서 4시 반에 독일 사람들은 커피에 케이크를 곁들인 티타임, '카페파우제Kaffepause'를 갖는다. 물론 그 시간을 건너뛰는 사람들도 있지만, 많은 독일인이 식사 못지않게 카페파우제를 챙긴다.

독일인들의 생활 습관이자 문화의 일부라고 할 수 있는 카페파우제에 내가 잔소리를 더할 만한 깜냥은 안 된다. 그럼에도 한 마디 덧붙이자면, 카페파우제가 건강에는 이롭지 않을 것 같다. 케이크나 과자의 주재료가 무엇인지를 생각해 본다면 말이다.

우리는 손님 초대 등의 특별한 경우가 아니고서는 카페파우제를 갖지 않는다. 그래서였을까? 야생초와 지역 유기농 농산물을 최소한의 조리 과정을 거쳐 먹고 살았던 에베르스발데 시절이나 손님을 맞을 일이 전혀 없었던 게르바흐에서 살 때만 해도 나는 케이크나 과자를 전혀 굽지 않았다. 케이크가 없어도 어떻게든 살아갈 수 있었는데, 문제는 명절이었다.

우리나라에 설이 있다면 독일은 크리스마스 연휴를 일 년 중 제일 큰 명절로 치는데, 설음식으로 전을 부치고 떡을 찌듯 독일에서는 케이크와 쿠키를 굽는다. 처음 몇 년은 우리의 방문 일정에 맞춰 시어머니가 비건 케이크를 따로 구워 주셨다. 나는 케이크를 먹을 때마다 '전혀 내키지 않는' 얼굴로 한 입 베어 물었지만, 케이크의 달콤함에 무너지는 건 순간이었다. 그에 비에 남편은 시어머니의 케이크를 눈 하나 깜짝하지 않고 거절하는 단호함을 보였다. 그러다 보니 크리스마스 때마다 시어머니표 비건 케이크, 그것도 시댁의 커다란 오븐 크기만 하게 구운 한 판이 온전히 내 몫으로 돌아왔다. 먹을 때마다 백설탕과 밀가루, 지방의 건강하지 않은 조합으로 매번 속이 더부룩했다. 그럼에도 그 달콤한 유혹을 뿌리치지 못하고 혼자 다 먹어 치우곤 했다. 안 되겠다 싶어 '매번 나 혼자 먹어 치워야 하는 어려움'을 토로하며 앞으로는 케이크를 굽지 말아 주십사 몇 년간 간곡한 부탁을 드렸다.

이제는 시어머니도 우리를 위한 케이크를 따로 굽지 않는다. 뭐, 명절 카페파우제에 허브티만 홀짝이며 앉아 있는 우리를 짠한 눈빛으로 바라보시지만.

남편의 생일 케이크

시어머니와의 협상이 평화롭게 끝나기가 무섭게 내 손으로 케이크를 구워야 하는 상황에 맞닥뜨렸다. 독일은 직장에서 생일을 맞은 사람이 케이크를 준비해(대부분 직접) 나눠 먹는 문화가 있다. 처음 이 이야기를 들었을 때는 '아니 생일에 축하 선물은 고사하고 왜 이런 부담을 주나?' 싶은 생각도 들었다.(직장에 따라 1~2유로씩 돈을 모아 작은 선물을 준비하는 곳도 있다.)

평소 우리는 생일이라고 선물을 주고받거나 생일상을 따로 차리지 않는다. 떠들썩한 이벤트나 파티는 말할 것도 없다. 한 생명이 태어난 것은 축복받아 마땅한 일이지만, 야단스러운 축하는 어릴 때 받은 것으로 충분하다는 생각이다. 또 성대하게 축하를 받을 만큼 내가 세상에 태어나서 큰일을 한 것도 없으니 생일이란 게 아주 특별할 필요는 없었다. 그래도 서로에게는 의미 있는 날이니만큼 우리만의 의미 있는 시간을 조용히 함께 보내는 것에 만족했다.

아침에 일어나 생일을 맞은 이에게 축하한다고 말해 주고, 밥상에 좋아하는 반찬을 한두 가지 더 올렸다. 간혹 시간이 허락되면 함께 산책을 하고, 짧은 자전거 여행을 떠났다. 이렇게 고요하고 평온하게 생일을 보냈는데, 남편 생일마다 케이크를 굽게 되다니!

그러다가 남편이 할레에서 박사 과정 연구원으로 일하고 나서부터는 케이크를 구울 일이 더 많아졌다. 매년 생일은 물론이고 연구 시험 재배 지역으로 동료들과 일을 하러 갈 때나 집에 오는 손님을 맞기 위해서다. 요새는 케이크 굽는 데 도가 텄다고 해야 할까? '케이크쯤이야.' 하는 생각마저 든다.

사실 케이크는 레시피대로 재료양을 맞춰 굽기만 하면 되는 간단한 일이다. 일 년에 한 번이나 구울까 말까 하던 시절에도 별 문제는 없었다. 그러나 나는 쓸데없는 걱정을 사서 하는 편이다. 케이크가 구워지는 내내 오븐 앞에 쭈그려 앉아 망치면 어쩌나, 달걀 없이 구웠는데 사람들 입에 안 맞으면 어쩌나 등 끊임없이 걱정을 한다.(어쨌든 비건 케이크에 대한 평판을 신경 쓰지 않을 수 없으니까.)

초창기에는 보기 좋고 맛을 중시하는 케이크를 구웠다. 유기농이라지만 평소에는 전혀 쓰지 않던 정제 밀가루와 백설탕을 사용했다. 만들 때마다 '나는 먹고 싶지 않고, 건강하지 않는 음식을 만들어 남들에게 대접하는' 것에서 오는 스트레스와 내면의 갈등을 겪으면서 말이다.

케이크를 좀 더 자주 굽게 되고, 이리저리 연구하고 시도한 끝에 지금은 케이크 반죽은 완전 통밀가루로 하고, 소보로 반죽만 백밀가루과 통밀가루를 섞어 쓰고 있다. 그래서 요즘에는 양심적으로 좀 더 건강한 '비건 통곡물 케이크'를 대접한다. 다행인 건 백밀과 백설탕만 썼을 때와 비교해 봐도 손색없을 정도로 반응이 좋다.

간식을 위해 시작한 제빵

한국에서 비건으로 살기 시작한 이후, 고기를 먹지 못해서 오는 어려움은 별로 없었다. 하지만 케이크나 빵, 라면 같은 간식이나 분식이 불현듯 먹고 싶어지는 때가 있었다. 당시에는 달걀이나 유제품이 들어가지 않은 빵을 구하기가 힘들어서 '문득 생각이 나서 빵 하나 사 먹는 것'이 내게는 허용되지 않는 사치였다. 그러다 보니 내가 먹을 과자나 빵을 스스로 굽는 경지에 이르렀다.

2000년대 초반, 한국에서 비건들을 위한 빵 만들기 체험 강좌를 들은 적이 있다. 식빵 한 덩이를 굽는 데 들어가는 재료(심지어 유화제까지)가 엄청나게 많았다. 재료를 하나라도 빠트리면 빵을 만들 수 없다는 듯이 꼭 정해진 대로 해야 한다고 호들갑을 떠는 강사가 꽤 거북했다. 그때나 지금이나 나는 레시피대로 하나하나 따라하는 것을 좋아하지 않는다. 집에서 쉽게 구할 수 없고, 건강에 도움도 안 되는 온갖 첨가물을 요리에 버무리는 것에는 더욱 거부감이 일었다. 새로운 요리를 만들 때도 레시피나 필요한 재료 목록을 쓱 보고, 어떻게 만들지 상상한 다음 일단 한 번 만들어 본다. 제빵도 마찬가지였다. 원리만 알고 응용해서 화학 첨가물 없이 국내산 천연 재료로 만들고 싶었다. 솔직히 당시에는 마트에서 재료를 구하는 것도 꽤 어려웠다.

그렇게 주먹구구식으로 만들던 제빵의 기본이 세워진 것은 시어머니 덕분이다. 남편과 사귀기 시작하고 다시 독일을 방문했을 때, 가끔 시어머니를 거들며 제빵 과정을 훑어볼 기회가 있었다. 그제서야 나는 빵 만드는 재료나 방법, 그 어느 것도 전혀 복잡하지 않다는 걸 깨달았다.

한국에 돌아와 어깨너머로 배워 온 방법으로 제빵을 시도했다. 결과는 나쁘지 않았다. 그 뒤로 자신감이 붙은 나는 종종 우리밀 통밀빵이나, 무가당 고구마곶감 빵, 과자 등을 구워 먹었다.

아침 빵, 점심 식사, 저녁 빵

독일에서는 보통 아침저녁 두 끼를 빵으로 먹는다. 얼마나 빵을 많이 먹는지 저녁식사에 먹는 빵을 저녁빵이란 뜻의 '아벤트브로트Abendbrot'로 부를 정도다. 독일은 전문 빵집은 물론이고 유기농 가게나 일반 마트에서도 다양한 종류의 잡곡빵을 살 수 있다. 이러니 독일에서 빵을 먹지 않고는 배길 수가 없다.

다니엘은 진학을 이유로 2000년대 초반에 집을 나와 독립했는데, 학교 식당에서 비건 식단은 찾아보기 힘들었다고 한다. 그래서 여타 독일인들처럼 하루 에 두 끼를(시간이 빠듯할 때는 세 끼 모두) 빵으로 때웠다. 잠깐 짬을 내어 유기농 가게에서 통곡물빵을 사와 퍼머컬처 가든에서 뜯어 온 야생 허브를 잔뜩 얹고 독일식 양배추 백김치인 사우어크라우트Sauerkraut를 곁들이는 게 다니엘의 일상식이었다.

다니엘은 소화 기관이 다소 약하고, 두뇌 노동량은 일반인보다 월등히 많은 편이라 스트레스에 취약하다. 성격도 꽤 섬세한 편인데 하루에 세 끼를 빵으로 먹는 것은 꽤 부담스러웠을 터였다. 그러나 결혼을 하고 나서 끼니 때마다 따뜻한 밥을 먹어야 한다는 나의 한국식 사고방식 덕분에 다니엘은 하루에 두 끼는 따뜻한 음식을 먹게 되었다.

무거운 음식

빵은 변비와 질병을 유발하는 무거운 음식이라고 헬렌 니어링이 말했다. 그녀는 갓 구워 낸 따듯한 빵은 저작할 필요도 없이 목구멍으로 넘기게 되어 배 속에서 소화가 잘 안 되는 반죽 덩어리가 만들어진다고 덧붙였다. 나는 헬렌 니어링의 말에 상당 부분 동의한다. 이런 평가가 과하다고 생각하는 사람도 있겠지만.

시판되는 빵은 대체로 정제 곡물로 만들어진다. 통곡물로 만든 빵도 통곡물 잡곡밥에 비하면 식감이 부드러워 덜 씹게 되는데, 백밀로 만든 빵은 어떻겠는가? 입에서 살살 녹아 제대로 씹기도 전에 목구멍으로 넘기기 일쑤다. 그러다 보니 소화 효소가 제대로 분비되지 않아 밀가루 덩어리가 위에 머무르며 속을 더부룩하게 만든다. 또 식이섬유 부족으로 장내에 유해 가스를 유발한다.

탄수화물, 단백질, 비타민, 미네랄 등 영양소의 섭취 비율이 어느 정도 유지되는 따뜻한 식사와 달리 빵을 먹을 때는 정제된 탄수화물 섭취가 높아질 위험이 다분하다. 빵으로 끼니를 때울 때는 빵에 버터나 잼, 스프레드나 치즈 등

건강한 통곡물빵과 케이크의 재료가 되는 각종 씨앗류

을 발라 커피와 같은 음료와 곁들여 먹는 경우가 많기 때문이다.

그러니 빵 자체가 나쁜 음식이라고 단정하고 무작정 멀리하기보다 어떤 빵을 어떻게 먹을지 고민해 보는 것이 바람직하다. 비정제 통곡물가루로 반죽하여 정성껏 굽고, 제대로 씹어 먹는다면 빵도 건강한 음식이 될 수 있다. 또한 통잡곡과 각종 씨앗, 견과류를 넣고 만든 빵과 신선한 샐러드, 채소, 허브 등을 함께 먹으면 영양은 물론이고 맛도 좋은 한 끼 식사가 될 수 있다.

좋은 쌀 vs 나쁜 밀가루?

건강에 대한 관심이 갈수록 높아지면서 한국에선 밀가루보다 쌀이 건강에 좋다고 쌀을 신봉하는 분위기가 팽배하다. 독일에도 건강식품, 유기농 식품에 대한 열기가 높아지면서 점차 글루텐 프리 제품의 비율이 늘어가고 있다.

글루텐이란 밀과 같은 식물의 종자 속에 들어 있는 단백질 혼합물이다. 좀 더 정확히 말하자면 밀가루 반죽 과정에서 글루테닌glutenin과 글리아딘gliadin이 물과 만나 글루텐이 만들어진다. 글루텐은 반죽 속 전분 입자와 연결되어 그물 모양의 탄력 있는 구조를 가진 글루텐 막을 형성한다. 이렇게 형성된 글루텐 구조 사이사이에 빵 발효 과정 중 효모나 미생물 활동으로 생성된 이산화탄소나 에탄올 가스를 가둬 반죽을 부풀린다.

재미있는 건 채식 요리에서 식물성 재료를 이용해 단백질 함량이 높은 고기 대체 식품을 만들 때에 자주 쓰이는 재료가 글루텐 가루라는 거다. 간혹 글루텐 알레르기가 있거나 글루텐에 민감하게 반응해 장애를 일으키는 사람들이 있는데, 그렇다고 밀로 만든 음식을 무조건 피해야 할 정도의 기피 식품은 아니다.

독일에서는 밀가루 음식 섭취로 인해 불편함을 느끼는 이유를 글루텐보다 과도하게 개량시켜 온 현대 밀 종자에서 찾고 있다. 실제로 지난 2014년에 독일의 SWR(독일의 지역 방송국)에서 '밀, 엠머 밀, 스펠트 밀의 글루텐 신화'를 취재했는데 밀은 생산성이 더 높고, 병충해에 저항성이 강하고, 글루텐 함량까지 높은 방향으로 끊임없이 교배되고 개량되었다고 한다. 요컨대 예전 밀 종자에서는 글루텐 속 최대 4가지 정도의 단백질 합성물을 찾아볼 수 있었지만, 오늘날에는 40가지에 달하는 다양한 글루텐 합성물이 존재한다는 거다. 이렇게 과도하게 늘어난 글루텐 합성물은 장에 예민하게 반응하는 원인이 된다. 다른 한쪽에서는 현대 제빵 기술에 대한 지적도 일고 있다. 발효 시간이 비교적 긴 전통적인 천연발효는 식물 고유의 효소를 활성화시켜 전분과 글루텐 분자를 소화하기 쉬운 구조로 전환한다. 이런 긴 발효 과정을 통해 난분해성 물질도 체내에서 쉽게 받아들여질 수 있게 바뀌는데, 현대 제빵 기술에는 이 과정이 몽땅 빠져 있다는 거다.

따라서 서양 밀 종자에 비해 글루텐 함량이 낮고, 개량이 덜 된 우리 토종밀은 그 어떤 수입밀보다 몸에 좋다. 또 개량종으로 만든 밀가루라도 천연발효종으로 천천히 발효시킨다면 좀 더 소화가 잘되는 빵을 만들 수 있다.

정말 중요한 점은 쌀이냐, 밀이냐가 아니다. 밀은 나쁘고 쌀이 최고라는 생각으로 오로지 쌀 제품만 먹는다면 밥상은 말할 수 없이 단조로워질 것이다. 게다가 시판되는 쌀로 만든 떡이나 과자, 빵 들은 보통 섬유질이며 비타민 미네랄이 거의 제거된 흰쌀로 만들어지는 경우가 태반이다.

독일에서 글루텐 프리 제품을 만드는 회사들도 밀가루를 대체하는 것에만 집중해 또 다른 정제 가공식품을 만들어 내는 우를 범하고 있다. 통곡물가루 중심의 건강한 제품을 개발하는 게 아니라 정제 쌀가루나 옥수수, 감자 전분을 이용해 글루텐 프리 제품을 만들기 때문이다.

그래서 우리가 꼭 신경 써야 할 문제는 따로 있다. 이 식품이 식이섬유와 비타민이 제거된 도정한 새하얀 곡물로 만든 건지, 건강한 통곡물로 만든 건지 알아보는 게 더 중요하다. 더불어 원재료로 쓰인 곡물이 화학 비료나 제초제 없이 건강하게 우리 땅에서 키워 낸 건지 제대로 판단해야 한다. 단순히 쌀이냐 밀이냐의 문제를 운운할 것이 아니라.

토종 우리밀

내가 어릴 때는 국내산 밀가루는 고사하고 토종 밀 종자조차 찾아볼 수 없었다. 그러다 몇몇 감사한 분들의 노력으로 1987년부터 우리나라에서도 직접 밀을 생산하기 시작했다.

우리밀운동본부 발표에 따르면 우리밀은 가을걷이가 끝난 후 씨를 뿌려 겨울이 지나 초여름에 수확하는 겨울밀이다. 병충해가 없어 농약을 따로 칠 필요가 없는 환경 친화적인 작물이다. 그에 반해 수입밀은 재배되면서부터 산림을 파괴하고 농약과 비료를 무분별하게 살포할 뿐더러 유통과 운송의 에너지 낭비 등 환경에 위해를 가한다.

우리밀의 공익적 기능을 금전적으로 환산하면 1ha당 자그마치 165만 원의 가치를 지닌다. 1ha의 밀밭에서 재배 기간 동안 산소가 4.46t이나 배출되고, 이산화탄소 6.13t과 이산화황 1.96t을 흡수하며 3.04t의 유기성 폐기물을 흡수하는 기능도 발휘한다. 겨울철 바람과 비로 인한 토양 유실과 토양 내 무기물 유실 또한 막아 준다.

우리밀은 생산 과정이 투명한 안전한 식품이다. 덧붙여 일반적으로 수입밀과 관련한 잔류 농약 검사의 통과 기준이 불검출이 아니라 인체에 무해하다고 정한 섭취 허용 기준 수치 이하를 의미한다는 것도 생각해 볼 문제이다.

찰기가 떨어진다고요?

운이 좋게도 내 고향 구례는 우리밀 생산지이자 가공 공장이 들어섰던 선구 지역 중 하나였다. 우리 가족은 1990년대 초부터 수입산 밀가루와 국수를 사 먹는 대신, 우리밀 공장의 단골이 되었다.

한번은 엄마가 외가댁 제사 음식 준비에 우리 밀가루를 써 보자는 제안을 했다. 외숙모는 '우리밀이 좋은 것은 알지만 수입산보다 찰기가 떨어져 전부치기에 부적합하다.'며 아쉬움을 토로했다. 우리밀 종자가 서양 종자보다 글루텐 함량이 적다 보니 찰기가 좀 떨어지는 것은 사실이다. 하지만 찰기의 차이가 크게 느껴질 정도는 아니었다. 일반 요리는 물론이고, 빵을 만들 때도 통밀가루만 고집하던 나에게는 말이다.

찰기라고 하니 중학교 가정시간에 배운 '강력분, 중력분, 박력분' 같은 밀가루 종류가 떠오른다. 이런 분류는 글루텐 함량을 기준으로 한 밀가루 용도에 따른 것이다. 강력분은 글루텐 함량이 높은 경질밀 또는 듀럼 밀Durum wheat 같은 특수 밀 종자로 만드는데 쫄깃한 식빵이나 피자 도우, 파스타를 만들기에 좋다. 박력분은 글루텐 함량이 적어 부드러운 케이크나 쿠키를 만들 때 사용한다. 중력분은 강력분과 박력분 중간 정도로 국수 등을 만들기에 적합하다. 강력분의 경우 한국에선 색이 하얗고(속껍질과 씨눈 등의 불순물을 거의 다 제거한다.) 입자가 고울수록 고급으로 치는데, 색이 변하지 않고 하얗게 유지되도록 몇몇 화학 첨가물을 넣기도 한다.

독일에서는 곡물가루 속 미네랄 함량(정확히 말하자면 밀을 완전히 소각했을 때 얻어지는 재의 양인 회분)에 따라 405에서 1800사이의 번호를 매겨 판매한다. 숫자가 적을수록 백밀에 가깝고, 통곡물 전체를 그대로 빻아 만든 통곡물가루는 보통 번호 대신 'Vollkorn(통곡물 전체를 빻은 전립분을 의미)'으로 표기한다. 이런 분류는 쉽게 말해 껍질과 씨눈 등을 얼마나 벗겨 냈는지 확인하는 곡물 정제도에 따른 것이다. 또한 미국이나 캐나다에서는 용도에 따라 밀가루의 분류를 더 세밀하게 나누는데 이런 것들을 알아갈수록 골치가 아프다. 우리가 추구하는 생태 부엌, 생태 밥상의 가장 기본이 되는 기준은 자연에 가까운 건강함이고, 정제한 밀가루를 기본으로 화학 성분을 섞기도 하는 특수 밀가루는 우리 집과 전혀 무관한 것이기 때문이다.

건강한 밀가루

백밀가루보다 통곡물가루가 건강한 이유는 정제하는 과정을 통해 곡물의 영양 성분이 덜 손실돼서다. 실제로 통곡을 정제하면 곡물 알갱이 외피에 집중적으로 포함된 무기질, 비타민, 식이섬유 등은 정제 과정에서 상당 부분 제거된다. 『음식혁명』에서는 통밀 정제 과정에서 여러 영양분이 손실되는데 특히 섬유질은 대부분 제거된다고 한다. 이것만 보더라도 왜 한국 일반 빵집에서 파는(대부분 수입산 백밀로 만들었거나, 백밀 함량이 높다.) 여러 빵들이 배 속을 더부룩하게 만들고 소화 불량을 일으키는지 짐작할 수 있다.

통곡물 섭취의 유익함은 널리 알려진 지 오래다. 풍부한 식이섬유가 장을 건강하게 만들고, 통곡물 속 다양한 무기질, 비타민 등이 몸에 이롭다는 사실은 이젠 상식이다. 뿐만 아니라 통곡물의 섭취량을 늘리고 꾸준히 섭취하면 암 발생 위험도 줄일 수 있다. 반면에 백밀 같은 정제 가공한 곡식 소비는 구강암, 위암, 결장암, 후두암, 식도암의 발생 가능성을 높인다고 한다.

빵도 통곡물 잡곡으로 만들 수 있을까

평소 내 지론은 반찬만 골고루 먹을 것이 아니라 곡물도 다양하게 섭취하는 것이 좋다는 것이다. 그래서 밥을 할 때 정제하지 않은 통곡물 잡곡밥을 해 먹듯 빵도 통곡물 잡곡을 사용한다.

빵 만들기의 성공은 빵 반죽의 발효 정도, 즉 글루텐 활동 상태에 달려 있다고 해도 과언이 아니다. 백밀가루 반죽은 글루텐이 장애물 없이 맘껏 활동할 수 있는 최적의 환경이라면 통밀가루 반죽은 속껍질과 씨눈 같은 외피 성분이 글루텐의 활동을 다소 저해하는 무거운 환경이다. 그렇기 때문에 불순물이 적게 든 백밀가루일수록 발효가 빠르고 쉽다. 또 같은 전립분 통밀가루라고 해도 '밀기울'이라고도 불리는 외피 부분이 거칠게 갈린 쪽보다 곱게 갈린 쪽이 발효도 더 잘된다. 밀기울과 글루텐은 물을 흡수하는 성질이 크기 때문에 통곡물빵 반죽은 백밀 반죽보다 보통 물이 좀 더 많이 필요하다.(통밀가루가 백밀보다 g당 글루텐 함량도 좀 더 높다.)

한국에서 시판되는 우리밀 통밀가루는 엄밀히 말하자면 밀기울을 어느 정도 제거한 것으로 통곡물 전부를 그대로 빻아 만든 밀가루는 아니다. 다만 토종밀로 만든 우리 밀가루가 수입산 밀가루에 비해 찰기가 떨어지는 점을 보완하기 위해 제빵이나 제과 등에 좀 더 적합한 쪽으로 제품을 개발하여 경쟁력을 높인 것이다. 유럽 내 독일어권 국가의 전립분 회분량과 비교해 보면 우리밀 통밀가루는 백밀가루(독일밀 405타입)와 반백밀가루(독일밀 812타입) 사이 정도에 해당한다. 따라서 진정한 우리밀 통곡물가루를 먹고 싶다면 통밀 알곡을 사다가 직접 빻아 쓰거나, 우리밀을 사야 한다. 그도 아니면 우리밀 통밀가루에 밀기울을 10~20퍼센트 정도 섞어 전립분과 비슷하게 만들어 준다. 덧붙이자면 독일에서는 예전부터 식이섬유와 비타민, 미네랄 등이 풍부한 밀기울이 건강 식품으로 판매되어 왔다.

빵 발효의 용이성과 찰기 등의 이유로 온전히 전립분만 쓰기 애매할 때도 있다. 이런 경우에도 우리밀 통밀가루만 사용 외에 전립분을 섞어 쓰는 것이 좋다. 정제율에 따라 정도의 차이가 있지만 일단 정제하고 나면 곡물의 영양가치가 급격히 떨어지기 때문이다. 특히 마그네슘의 경우 백밀이나 반백밀 모두 거의 100퍼센트 제거된다.

건강한 제빵을 위한 작은 팁

가급적 국내산 유기농 재료로만 엄선해 홈베이킹을 하더라도 효모까지 신경 쓰는 이들은 많지 않다. 우리 집에서도 처음에는 일반 효모를 썼다. '유기농 효모라고 일반 제품과 크게 다른 점이 있을까?' 싶은 생각을 한 데다 일반 효모보다 10배 이상 되는 가격도 부담스러웠다. 또 냉장고 없이는 안전한 보관이 어려워 그냥 근처 마트에서 필요할 때마다 일반 생효모를 사다 썼다. 그런데 효모를 만드는 곳곳에서 상상하지 못한 많은 화학 물질이 사용되고 있다는 걸 알게 되었다. 특히 당밀을 이용한 효모 배양 과정에서 다른 미생물 번식을 막기 위해 황산으로 세척한 뒤에 수산화나트륨 용액으로 중화하고, 영양소 공급을 위해 암모니아계 화합물, 인산염, 탄산나트륨, 황산마그네슘, 합성 비타민 등을 사용한다. 표면 거품을 억제하기 위해 합성 오일을 첨가한다.* 이런 공정 과정에서 수차례 기계 세척이 필요하고, 소비되지 않은 상당량의 잔류 영양소는 난분해 성분이라 이를 처리하는 데 드는 비용이 전체 제조 가격의 40퍼센트 이상을 차지할 정도다. 독일에서는 유기농과 일반 효모 모두 유전자 조작된 재료의 사용을 금하고 있지만, 미국은 이미 와인 양조에 유전자 조작 효모를 사용하기 시작했다. 경악할 만한 일이다.

요즘에는 유기농 건조효모를 몇 봉지씩 사 두고 필요할 때마다 사용한다. 하지만 홈베이킹이 독일만큼 흔하지 않은 한국은 유기농은 물론이고 일반 효모도 마트에서 쉽게 찾아보기 힘들다. 이런 한국의 상황에서는 천연효모종을 직접 만들어 발효빵을 만드는 것이 가장 안전할 것 같다. 어쩔 수 없이 일반 효모를 사용해야 하는 경우에도 생효모나 자연 건조효모만 사용하도록 한다. 사용하고 많이 남은 생효모는 실온에서 건조시켜 밀폐 용기에 담아 냉암소에서 보관한다. 이렇게 하면 시판하는 건조효모와 다를 바 없고, 장기 보관도 가능하다.

베이킹파우더는 거의 모든 구성 성분이 논란의 여지가 있는 물질이다. 보통 가스 발생제(식용 소다 또는 중탄산나트륨, 탄산수소나트륨), 가스 발생 촉진제(산염 또는 산성제), 분산제(제습제 역할도 겸하는 건조 전분)로 구성되어 있으며 반응을 통하여 이산화탄소를 발생시킨다.

가장 문제가 되는 성분은 산성제로 인산염, 알루미늄 복합물 등이 쓰인다. 콜라 같은 탄산음료에도 많이 들어 있는 인산염은 과잉 섭취하면 체내 칼슘을 감소시키고, 장내 칼슘 흡수를 방해하고 혈관 석회화로 만성 신장 질환에 치명적인 영향을 끼치며 심혈관 질환의 발병률을 높이는 등 인체에 부정적인

---

* 1998년에 독일의 '독립적인 건강 상담 협회(UGB)'에서 발간한 자료집에 따름.

반죽의 발효와 팽창을 돕는 천연효모를 말린 건조효모, 포도에서 추출한 주석산과 유기농 전분을 넣은 베이킹파우더, 식용 소다 등

영향을 끼친다. 알루미늄은 발작과 일시적 흥분, 우울증과 조기치매의 증상을 일으킬 수 있다고 알려진 중금속이다.

분산제는 보통 감자나 옥수수 전분을 많이 쓴다. 앞서도 언급했듯이 옥수수는 전 세계적으로 많이 유통되는 유전자 조작 작물 중 하나이다. 유전자 조작 식품에 대한 제제가 심각할 정도로 느슨한 한국에서라면 유기농이 아닌 일반 베이킹파우더 속 옥수수 전분은 거의 수입산 유전자 조작 옥수수로 만들어진 것으로 봐도 무방하다.

가스 발생제 식용 소다는 산성제처럼 명확한 독성이 있다고 말하기 애매한 부분이다. 하지만 식약청 자료에 따르면 한국에서 시판되는 일반 식용 소다는 대부분 중국에서 수입되고 있고, 규제 항목에 중금속인 비소, 납, 수은 함량에 관한 허용량 기준치가 명시되어 있다.

이런 점을 보면 식용 소다는 안심하고 먹을 수 없는 물질임이 분명한 것 같다. 또 중탄산 나트륨은 '위통의 원인이 되고, 위산을 희석시켜 단백질 소화와 미네랄 흡수에 장애를 일으키고 췌장의 중탄산염 분비 능력을 퇴화시키기도 한다(가슴 공명)'는 의견도 있다.

그러니 레시피의 베이킹파우더를 효모로 대체해 보는 건 어떨까? 베이킹파우더를 꼭 써야 한다면 기준이 좀 더 엄격한 유기농 베이킹파우더를 사용하고, 이를 구하기 힘들면 식용 소다를 대신 사용한다. 식용 소다는 건재료 총량의 2퍼센트 정도 레몬즙과 함께 쓰면 된다.

아무래도 케이크나 쿠키, 특히 베이킹파우더가 든 제과류는 특별한 날에, 정말 어쩌다 한 번 구워 먹는 정도가 제일 적당한 게 아닐까 싶다.

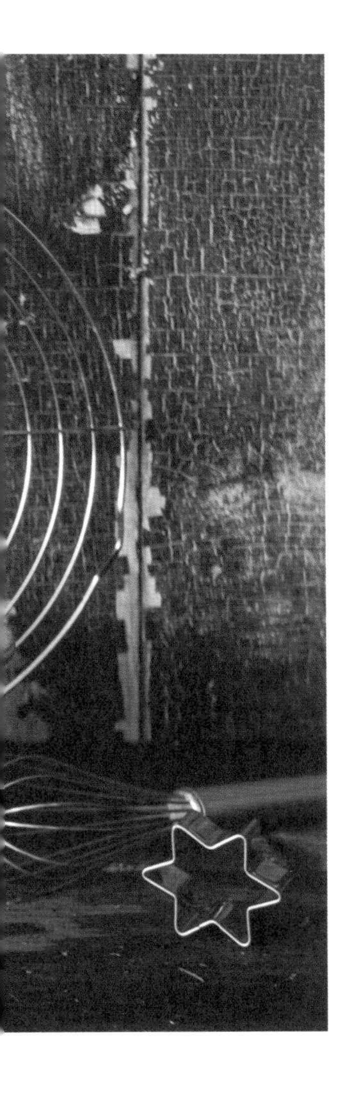

bread recipe

건강한 제빵의 기본은 100퍼센트 통곡물을 사용하는 것이다. 빵의 풍미를 위해 조청을 넣지만, 당분 사용이 꺼려진다면 생략해도 좋다. 발효에는 아무 문제가 없으니까.

독일식 통곡물빵

"유기농 매장에서 수입산 '진짜 통밀가루'를 사서 반죽해 구웠는데 빵이 아닌 돌이 되었다."

이런 하소연이 심심치 않게 들려온다. 정말로 빵이 전혀 부풀지 않았을까? 그랬더라도 그건 통밀가루와 아무런 상관이 없다. 이유가 따로 있는 것이다. 가령 효모에 문제가 있었다던가. 밀가루 정제 상태는 발효와 상관이 없기 때문이다.

하지만 정말 잘 알아 둬야 하는 건 집에서 인공 첨가물 없이 물과 밀가루, 당분과 효모만 넣고 정직하게 구워 낸 진짜 통곡물빵은 빵집에서 파는 것과 확연하게 다르다는 것이다. 시판되는 통곡물빵 중에 식빵처럼 구멍이 송송 나있고, 부피가 크고 가볍다면 100퍼센트 통곡물빵이 아닐 가능성이 높다.

쫄깃한 흰 식빵에 익숙한 이들은 순 100퍼센트 통곡물빵에 열광하는 내가 이상해 보일지도 모르겠다. 묵직하고 투박한 통곡물빵이 낯설 테니까. 하지만 밥도 흰쌀이 아닌 100퍼센트 잡곡이 건강에 좋은 것처럼 빵도 가급적이면 통곡물빵을 추천한다. 어쩌다 한 번 먹는 게 아니라 빵을 주식으로 먹는 이라면 더더욱!

통곡물 반죽은 발효 시간이 길고, 식감이 거칠다. 하지만 먹다 보면 씹을수록 고소한 그 맛에 곧 빠져들고 만다.

주재료(500g 한 덩이)

통곡물가루 350g
우리밀 전립분과 호밀,
스펠트 밀, 메밀,
오트밀 등의 잡곡가루를
6:4로 혼합한 것
건조효모 9g
소금 1/2작은술
식용유 2큰술
견과류 30g
회향, 아마인,참깨,
호박, 해바라기씨 등을
혼합한 것
엿기름가루 1큰술
조청 1큰술
미온수 200ml

*견과류는 취향에 따라 바꿀 수 있다.

만드는 법

1 큰 볼에 준비한 재료를 한데 넣고 나이프로 섞다가 미온수를 붓는다. 재료에 점성이 생기면 손으로 반죽을 치댄다.

2 1이 한 덩어리가 되면, 소라 모양으로 만들어 5~10분 가량 더 치댄다. 반죽이 너무 빡빡하면 미온수를 한두 술씩 첨가해 가며 반죽 상태를 조절한다.(반죽에 탄력이 생겨서 약간 끈적거리지만 손에 달라붙지 않을 정도가 적당하다.)

3 빵틀에 유산지를 깔거나 그릇 안쪽에 식용유를 고루 바르고 견과류나 오트밀을 한 겹 뿌린다.

4 준비한 빵틀에 반죽을 2/3정도 채우고 빵틀에 젖은 면포를 덮어 따듯한 곳(30°C)에 두거나 그릇에 뜨거운 물을 담아 오븐에 함께 넣어 반죽이 빵틀 윗부분까지 올라오도록 발효한다.(계절에 따라 3~5시간 소요.)

5 뜨거운 물이 든 그릇과 함께 200°C로 예열된 오븐에서 10분간 굽다가 180°C에서 30분 더 굽는다.

6 이쑤시개로 빵 중앙을 끝까지 찔러 넣어 반죽이 묻어나지 않으면 완성이다. 완성된 빵은 틀에서 분리해 철망이나 나무도마 위에 놓고 식힌다.

*통곡물빵을 구울 때 부재료는 곡물가루 양의 20퍼센트를 넘지 않게 한다.
*빵틀이 좁고 높은 것보다 넓고 얕은 것이 발효와 굽기에 좋다. 반죽과 발효가 어려울 경우, 빵틀에 넣어 모양을 잡아 한 번만 발효한 뒤 그대로 굽는다.

치즈 없이 굽는 이색 피자

예전에 피자를 먹을 때는 콜라가 꼭 있어야 한다고 생각했다. 평소 탄산음료를 거의 마시지 않았는데 피자를 먹을 때면 꼭 콜라를 마셨다. 두툼한 피자 도우가 기름으로 번들거려 굉장히 느끼했는데, 그래서였을까?

채식을 하고 직접 피자를 구워 먹기 시작하면서 더는 콜라가 그립지 않다. 우리 집에서는 오븐 팬 바닥에 기름 대신 밀가루를 살짝 뿌리고, 피자 도우도 통곡물가루에 물과 효모, 소금만 넣어 반죽한다. 치즈를 올리지 않는 것도 깔끔하고 단백한 맛을 내는 비법이다.

치즈가 없는 피자를 무슨 맛으로 먹을까, 싶겠지만 잘 만든 토마토소스 하나면 치즈 없이도 맛이 끝내주는 피자를 만들 수 있다.

뿐만 아니다. 철마다 텃밭에서 나는 신선한 재료를 토핑으로 올리면 세상 어디에서도 구경하지 못한 우리 집만의 '이색 피자'가 탄생한다. 겨울과 봄에는 케일무침과 저장 채소, 화분에서 기르는 고추 파프리카를 올린다. 여름에는 덜 여문 토마토와 주키니 호박을, 가을에는 잘 자란 파프리카, 뿌리채소, 식용 야생 버섯을 올린다. 거기에 사계절 내내 수확이 가능한 야생초며 허브, 미리 만들어 둔 토마토와 양송이버섯 병조림 등이 피자 토핑으로 아주 유용하다.

이렇게 만든 우리 집 피자에는 더 이상 콜라가 필요 없다. 따듯한 허브차나 과일주스만으로 충분하다. 평소 피자를 좋아하는 우리는 한 번에 넉넉히 구워 두고 맘껏 먹는다.

도우 재료(피자 2판 기준)

우리밀 전립분 500g(또는 통밀가루)
건조효모 9g(또는 생효모 20g)
미온수 280~300g
소금 1작은술
식용유 1큰술

토핑 재료(피자 2판 기준)

토마토소스 700ml
가지 1개, 양파 5개
양송이 버섯 250g
적색 파프리카 1개
황색 파프리카 1개
녹색 파프리카 1개
씨 뺀 그린 올리브 1줌
방울 토마토 250g
마늘 3쪽
잘게 썬 생허브 4큰술
케일 잎 1소쿠리
조청 1~2큰술
허브 맛간장 3~4큰술
올리브유 2~3큰술
통후추 간 것 약간

*허브는 취향에 따라 바꿀 수 있다.

만드는 법

1 볼에서 도우 재료를 넣고 손에 반죽이 묻어나지 않을 때까지 치댄 뒤 뚜껑을 덮고 따뜻한 곳에서 1차 발효를 한다.

2 마늘과 생허브는 잘게 다진다. 양파와 양송이버섯은 두께 7mm로 둥글게 썬다. 파프리카는 씨와 흰 속 부분을 제거하고 양파와 같은 두께로 썬다. 가지는 양파와 같은 두께로 둥글게 썰고, 허브 맛간장과 후추, 올리브유로 밑간을 한다.

3 씨를 뺀 그린 올리브는 얇게 저미고, 방울 토마토는 절반으로 자른다.

4 케일 잎은 소금물에 살짝 데쳐 헹군 뒤에 조청과 허브, 허브 맛간장을 넣고 무친다.

5 반죽이 2배 정도 부풀면 절반으로 나눈다. 유산지를 오븐 팬에 깔고, 그 위에 전립분을 솔솔 뿌리고 나서 이등분 한 반죽을 각각 올려 살살 펴 준다.

6 오븐에 뜨거운 물을 부은 납작한 큰 그릇을 함께 넣고 반죽 두께가 1.5배 이상 될 때까지 2차 발효를 한다.

7 2차 발효가 된 도우에 토마토소스를 바르고 마늘과 허브를 고루 뿌린 뒤에 준비한 토핑 재료를 모두 올리고 마지막으로 케일무침을 올린다.(두툼한 도우를 원한다면 토핑을 올린 상태에서 15분 더 발효한다.)

8 185°C로 예열한 오븐에 넣고 20분간 구워 준다.

자연을 담은 삼색빵

음식을 제대로 즐기기 위해서는 눈으로 음미하고, 코로 향을 느끼고, 입으로 맛을 봐야 한다. 그런 의미에서 삼색빵만 한 게 또 있을까?

삼색빵은 야생 허브와 채소의 향과 풍미가 가득하고, 골라 먹는 재미도 쏠쏠하다. 삼색빵의 발색 재료는 좋아하는 과일이나 채소 가루, 생과일이나 생채소로 얼마든지 바꿀 수 있다. 단 주의할 점은 생재료를 사용할 때는 반죽물의 액상 재료 총량을 물의 양과 동일하게 맞추는 것!(삼색빵뿐 아니라 모든 홈베이킹에서 제일 중요한 것이 바로 물의 양 맞추기가 아닐까 싶다.)

지난 수년간 여러 잡지와 책들을 뒤져 가며 레시피를 훑어보고 집에서 시도해 본 결과 내 나름대로 정리한 비율의 기본은 이렇다.

통곡물빵의 경우: 곡물가루(전립분) 100g당 물 60~80g
백밀빵의 경우: 백밀가루 100g당 물 50g

이런 기본 수치를 바탕으로 제분 정도가 다른 밀가루와 잡곡가루, 밀기울에 물의 양을 요령껏 맞춘다. 곡물 혼합 반죽의 경우는 곡물가루 100g당 물 60g을 넣고 반죽을 시작한다. 단 반죽이 고루 다 섞이기 전까지 절대 물을 첨가하지 않고 한 덩어리로 만든다. 그러고 나서도 너무 뻑뻑하다 싶으면 물을 1큰술씩 더하고 반죽하기를 반복하여 반죽 상태를 맞춘다. 백밀 반죽은 손에 달라붙지 않을 정도가 되어야 하고, 잡곡가루나 전립분은 약간 끈적거리면서도 손에 달라붙지 않는 정도가 좋다. 통호밀가루가 50퍼센트 이상 섞인 반죽은 물을 적정량 넣었음에도 손에 달라붙는 정도가 좋다.

초록빵 반죽 재료

우리밀 통밀가루 300g
아마인 2큰술
소금 1작은술
식용유 1큰술
생효모 20g(건조효모 5g)
조청 1작은술

초록빵 반죽물 재료(170ml)

녹색 파프리카 1/4쪽
허브 모듬 1줌
미지근한 물 약간

*허브는 취향에 따라 선택한다.

분홍빵 반죽 재료

우리밀 통밀가루 300g
흰 참깨 2큰술
소금 1작은술
식용유 1큰술
생효모 20g(건조효모 5g)
조청 1작은술

분홍빵 반죽물 재료(170ml)

적색 파프리카 1/4쪽
붉은 식용꽃 1줌
비트 병조림 5~6조각과 국물
미지근한 물 약간

*식용꽃은 취향에 따라 붉은 색 꽃을 선택한다.

*비트 병조림이 없다면 생비트로 대체할 수있다.

노란빵 반죽 재료

우리밀 통밀가루 200g
옥수수가루 100g
흰 참깨 2큰술, 설탕 1작은술
소금 1작은술, 식용유 1큰술
생효모 20g(건조효모 5g)
카레가루 1/2작은술

노란빵 반죽물 재료(170ml)

황색 파프리카 1/4쪽
노란색 식용꽃 1줌
미지근한 물 약간

*생옥수수를 쓸 때는 통밀가루 양을 300g으로 늘리고, 옥수수 간 것을 반죽물 재료에 포함하여 총량을 조절한다.

*삼색빵은 들어가는 재료가 다를 뿐 만드는 법은 동일하다.
*레시피에서 소개한 분량대로 만들면 색깔별로 12개 정도 만들 수 있다.

만드는 법

1 반죽 재료를 볼에 넣고 잘 섞는다.

2 반죽물에 들어갈 재료를 작게 썰어 핸드블렌더로 간다. 이때 반죽물의 총량은 170ml 이다.

3 1과 2를 섞어 탄력이 생길 때까지 반죽한다.

4 3을 젖은 면포로 덮어 따뜻한 곳에 두고 2배로 부풀 때까지 1차 발효를 한다.

5 발효된 반죽을 40g정도씩 떼어 반구 모양으로 만들어 유산지를 깐 오븐에 간격을 두고 놓는다.

6 5를 젖은 면포로 덮어 따뜻한 곳에 두거나 뜨거운 물이 든 그릇과 함께 오븐에 넣어 2차 발효를 한다.

7 뜨거운 물이 든 그릇을 넣고 200°C로 예열된 오븐에서 5분간 굽다가 180°C에서 10~15분간 더 굽는다.

8 이쑤시개로 빵 중간을 끝까지 찔러 넣어 반죽이 묻어나지 않으면 완성이다.

소보로 과일 케이크

소보로를 얹은 과일 케이크는 카페파우제의 단골 간식이다. 특히 쯔베취게 Zwetschge라고 불리는 보라빛 서양 자두가 무르익는 늦여름쯤에는 쯔베취게를 올린 소보로 케이크를 꼭 구워 먹는다. 우리 집에는 과실나무가 별로 없지만 걸어서 10분 거리에 자두나무와 사과나무가 늘어선 산책로가 있다. 동독에서는 도심 곳곳에 과일나무를 많이 심었다고 하는데, 그때 심은 나무들이 우리 집 주변에 많이 남아 있다. 덕분에 우리는 과일을 따로 사지 않고도 소보로 케이크를 구울 수 있다.

케이크 반죽에는 보통 베이킹파우더를 많이 쓰는데, 내가 소개하는 케이크는 시어머님과 시이모님이 우리를 위해 특별히 고안해 주신 비건 케이크 레시피에 효모를 넣어 반죽한다.(내가 애정하는 레시피기도 하다.)

채식을 한다거나 생태적인 삶을 지향한다고 우리가 모든 욕구를 억제하고 수도승처럼 먹고 살지는 않는다. 가끔 케이크나 주전부리를 직접 만들 때도 있다. 그럼에도 케이크 하나 굽자고 몇십 분 동안 오븐에 불을 땔 때면 에너지가 얼마나 낭비되는지 생각해 보곤 한다.(소량이지만 케이크에는 식물성 지방이니 초콜릿, 바닐라 같은 이국적인 재료도 빠지지 않는다.) 이러니 도시 문명에 살고 있는 우리에게 '과연 생태적인 케이크란 게 존재할 수 있을까?' 하는 의문이 든다.

그럼에도 유제품 알레르기가 있는데 케이크가 먹고 싶거나 이제 막 비건 식생활을 시작하여 케이크가 못 견디게 그리운 이들, 혹은 달걀과 우유 없는 비건 케이크는 맛이 어떨까 궁금한 이들이 한 번쯤 시도해 보면 좋을 것 같다.

반죽 재료(만들기 편한 분량)

우리밀 전립분 400g(또는 통밀가루)
소금 1큰술
미온수 180~200ml
바닐라 설탕 18g
생효모 20g(건조효모 9g)
유기농 천연 마가린 150g
(또는 천연 식물성 지방)
레몬1/2개(또는 과일식초 1큰술)

토핑 재료

사과 4개 혹은
서양 자두 1~1.5L
레몬즙 2큰술
계피가루 약간

만드는 법

1 반죽 재료를 볼에 넣고 살살 섞는다. 이때 부드러운 식감을 위해 반죽을 많이 치대지 않는다. 반죽하기 전에 마가린은 상온에 뒀다 쓰면 반죽하기 쉽다.

2 젖은 면포 혹은 뚜껑을 덮어 따뜻한 곳에서 반죽이 1.5~2배 부풀 때까지 1차 발효를 한다.

3 소보로를 만들 때 사용할 마가린을 녹여 준다.

4 소보로 재료를 볼에 넣고 뒤적이다가 마가린을 조금씩 붓는다. 이때 포크로 재료가 멍울지게 살살 섞어 소보로를 만든다.

5 껍질을 듬성듬성 깎은 사과를 0.7cm정도로 깍둑썰기를 해 레몬즙을 골고루 묻히고 계피가루 1작은술을 뿌린다. 자두를 쓸 경우에는 씨를 빼고 절반으로 자른다.

*소보로는 비정제 설탕과 통곡물을 사용해도 맛에는 큰 차이가 없지만 색이 어두워질 수 있다. 밝은색을 원한다면 호두나 아몬드, 캐슈너트 등의 견과류가루를 사용한다. 초코맛이나 커피맛 소보로에는 전립분, 비정제 설탕, 해바라기씨 등 색이 진한 재료를 써서 색 조절을 한다.
*토핑으로 물기 많은 과일을 올릴 때는 자른 단면이 위로 오게 해야 구울 때 과즙이 흐르지 않는다.
*재료를 절반으로 나눠 25cm지름의 원형틀 두 개에 각각 반죽을 얹으면 100퍼센트 전립분을 써도 발효가 수월하다.

소보로 재료

우리밀 통밀가루 100g(또는 전립분과 백밀가루 1:1로 섞어서 대체할 수 있다.)
견과류가루 100g
황설탕 100g
유기농 천연 마가린 150g(또는 천연 식물성 지방)

6 1차 발효가 끝난 반죽을 손이나 밀대로 밀어 유산지를 깐 오븐 팬에 두께가 고르게 되도록 펴고, 반죽 두께가 1.5배 되도록 2차 발효를 한다.

7 발효된 반죽 위에 과일을 올린다.(취향에 따라 계피가루와 비정제 설탕을 살짝 뿌려도 좋다.)

8 마지막으로 소보로를 골고루 올린다.

9 50°C로 예열한 오븐에서 다시 15분간 발효한 뒤에 185°C에서 40분간 굽는다.

10 이쑤시개로 케이크 중간을 끝까지 찔러 넣어 반죽이 묻어나지 않으면 완성이다.

스프레드는 빵과 찰떡궁합

빵에 발라 먹는 버터나 마가린, 잼, 크림치즈 종류 외에도 빵에 발라 먹는 스프레드는 종류가 꽤 다양하다. 독일은 예전부터 채식인, 특히 비건을 위한 스프레드 종류가 많이 발달했다. 하루 두 끼를 빵으로 때우는 나라니 당연한 건지도 모르지만.
독일에선 잼처럼 달콤한 스프레드는 주로 아침에 먹고, 저녁에는 짭짤한 반찬 같은 종류를 주로 먹는다. 셀 수 없이 많은 종류의 맛있는 스프레드가 판매되고 있지만, 가격 면에서나 건강 면에서 집에서 직접 만든 것을 따라오진 못한다.

해바라기씨 스프레드(200ml 유리병 2개)

인기가 좋은 비건 스프레드 중 하나는 해바라기씨로 만든 것이다. 부드러운 사워 크림 같지만, 견과류로 만든 순식물성 스프레드라서 건강에도 좋고 다이어트를 하는 사람도 부담 없이 즐길 수 있다.

재료

사과 1개, 마늘 1쪽
양파 1/2개, 가지 1/2개
적색 파프리카1/2개
해바라기씨 각 100g
올리브유 약간
소금 1작은술
레몬즙 1큰술
통후추 간 것 약간
로즈메리 1큰술
세이지 1큰술

만드는 법

1 양파와 마늘은 잘게 다진다. 사과는 껍질을 벗겨 작게 조각을 낸다. 가지와 적색 파프리카는 잘게 썰어 둔다.

2 미리 달군 팬에 올리브유를 약간 두르고 양파와 마늘을 볶다가 사과를 넣고 약한 불에서 끓인다.

3 2에 가지와 적색 파프리카를 넣고 함께 익힌다.

4 해바라기씨는 믹서에 곱게 갈아 가루로 빻는다.

5 3의 채소가 부드러워지면 4와 올리브유, 허브, 소금, 레몬즙, 통후추를 넣고 핸드블렌더로 간다.(곱게 갈수록 크림처럼 부드러워진다.)

6 토마토맛 해바라기씨 스프레드를 만들 경우에는 5를 절반으로 나눠 한쪽에 토마토소스나 토마토 페이스트 2작은술을 넣고 잘 섞는다.

7 200ml들이 유리병에 완성된 스프레드를 채우고 뚜껑을 잘 닫아 병째로 중탕하면 장기 저장을 할 수 있다.

콩 스프레드, 후무스

아랍어로 후무스Hummus는 병아리콩을 뜻하는데, 후무스 스프레드는 병아리콩으로 만든 스프레드를 뜻한다. 후무스는 만드는 재료나 방법이 간단하고, 맛도 아주 좋다. 개인적으로는 병아리콩으로 만든 것이 제일 맛있지만, 다른 종류의 콩으로도 후무스를 만들 수 있다. 콩을 하루 이상 불린 다음, 콩이 부드러워질 때까지 끓이다가 나머지 재료를 넣고 핸드블렌더로 갈아 준다. 이때 취향에 따라 허브 간 것을 올릴 수 있다.

기본 후무스 재료

병아리콩 300g
마늘 3쪽
레몬즙 4큰술
소금 약간
식물성 기름 약간
통후추 간 것 약간
커민 1/2작은술
(또는 카레가루 1작은술)

완두콩 후무스 재료

완두콩 300g
마늘 3쪽
레몬즙 4큰술
소금 약간
식물성 기름 약간
통후추 간 것 약간
커민 1/2작은술
(또는 카레가루 1작은술)

렌틸콩 후무스 재료

적렌틸콩 300g
마늘 3쪽
레몬즙 4큰술
소금 약간
식물성 기름 약간
통후추 간 것 약간
커민 1/2작은술
(또는 카레가루 1작은술)

야생 허브 마가린

우리 집 밥상에서 야생초와 허브는 다양한 요리에 활용되는 아주 중요한 식재료다. 야생 허브 마가린은 야생초와 허브의 다양한 맛과 생명력을 신선하게 요리에 담을 수는 없을까 하는 생각으로 만들어진 것이다. 그래서 텃밭을 보러 오는 단체 방문객을 맞을 때 빠뜨리지 않고 꼭 만드는 단골 메뉴이다.

야생 허브 마가린 재료

양파 2/3개
유기농 천연 마가린 400g
소금 1/2~1작은술
통후추 간 것 약간
야생초와 허브
식용꽃 잘게 다진 것 2컵,
비정제 기름 2큰술

토마토 허브 마가린 재료

양파 1/4개
유기농 천연 마가린 170g
이탈리안 허브 잘게 다진 것 1컵
토마토소스 5큰술
비정제 기름 1큰술
뉴트리셔널 효모 3큰술(취향에 따라 생략할 수 있다)
소금 1/2큰술
통후추 간 것 충분량

*야생초와 허브는 취향에 따라 대여섯 가지를 섞어 준다.

만드는 법

1 마가린은 상온에서 부드럽게 만든다.

2 양파는 아주 잘게 다지듯이 썬다.

3 야생초와 허브, 식용꽃도 모두 각각 줄기와 꽃대를 제거하고 잘게 썬다.(야생초와 허브, 식용꽃은 물기를 완전히 제거해야 짓이겨지지 않고 제대로 썰린다. 물기가 흥건한 상태에서 칼질을 하면 고유의 향이 줄어들 수 있다.)

4 큰 볼에 소금을 제외한 모든 재료를 넣고 나이프로 잘 섞는다. 고루 섞이면 소금으로 간하고 한 번 더 잘 섞는다.

5 토마토 허브 마가린을 만들 때에는 3에서 100g을 따로 덜어 내어 유기농 천연 마가린 170g과 소금을 제외한 모든 재료를 잘게 다져서 잘 섞다가 소금으로 간을 하고 한 번 더 잘 섞는다.

EPILOGUE

우리의 이야기를 끝맺으며

많은 이들이 잡초는 쓸모없다 말한다. 농사를 짓는 이들조차도 온전히 작물만 자라도록 부지런히 김을 매거나 짚이나 비닐 따위로 땅을 덮어 싹틀 기회조차 주지 않는다. 하지만 잡초, 아니 자연적으로 쉼 없이 피어오르는 이 야생초들은 자연이 우리에게 주신 최고의 선물이다. 벌이가 있건 없건, 제대로 된 텃밭 농사를 짓는 때나 아닐 때나 프로젝트 부지와 텃밭에서 아니면 근처 들판에서라도 우리는 야생초를 수확하여 밥상에 올렸다. 그런 소소한 자연의 생명들이 모여 지금의 우리, 나와 다니엘을 만들었다.

독일에서 살기 시작한 이래, 우리 삶이 누군가에게 영감을 주고 도움이 되면 좋겠다는 마음으로 가끔 글을 써 왔다. 내가 쓴 글 덕에 2013년에는 냉장고 없는 우리 집이 MBC 다큐멘터리 '세상의 모든 부엌'에 소개되었다. 이를 계기로 생태적으로 살고자 하는 우리 이야기를 세상에 알릴 기회가 좀 더 많아졌다. 사실 이렇게 까지 일이 커질 거라 생각해 보지 못했는데 얼떨떨하게 TV에도 나오고, 잡지에 연재도 하고, 책으로 출간하게 되는 과분한 행운을 누렸다.

충분한 돈이 있고, 우리에게 꼭 맞는 땅이 있고, 내 집을 지어 완벽하고 폼나게 생태적으로 살면 얼마나 좋겠냐만 아직은 조금 먼 미래의 소망이다. 다만 우리가 거쳐 온 여러 셋집, 다양한 생활 여건 속에서 할 수 있는 만큼 좀 더 생태적인 삶을 살고자 여러모로 시도하고 실천해 왔다. 이동을 할 때는 대체로 자전거를 우선적으로 이용하고, 유채씨 기름으로 자동차를 연료를 넣기도 했다. 필요에 따라 생활하수를 모으고 빗물을 받아 썼다. 실내 퇴비 화장실에서 나오는 용변과 부엌과 정원에서 나오는 찌꺼기를 모아 테라 프레타를 만들었다. 이렇게 만든 테라 프레타는 텃밭으로 다시 돌려주어 여러해살이 작물이나 야생초가 함께 자랄 수 있는 자연 멀칭으로 지속 가능한 텃밭농사를 지었다. 또 재생 에너지로 전기를 생산해 공급하는 전력회사에서 전기를 공급받는 것 외에도 작은 햇빛 발전판으로 배터리를 충전해 자잘한 기기들을 충전해 쓰고, 앞으로는 좀 더 큰 규모의 에너지 자립도 준비 중이다.

나름 최선을 다했음에도 부족한 구석이 있는 책이다. 그럼에도 우리의 이야기가 누군가에게 영감을 줄 수 있기를. 다른 삶을 꿈꾸는 누군가의 마음에 작게라도 울림을 주기를. 야생초의 쓰임처럼 미처 발견치 못하고 숨어 있는 우리 안의 가능성을 발견하는 데 조금이라도 도움이 되기를. 그래서 우리의 의식이 좀 더 깨이고 성장해 우리 몸도 마음도 이 지구도 좀 더 맑고 깨끗해지기를 바라 본다.

2017년 봄, 독일 할레에서

김미수

여러 책을 통해 생태적인 삶, 또 다른 삶에 대한 많은 영감을 준 내 삶의 아이돌, 헬렌 니어링과 스코트 니어링, 다니엘의 소울 메이트이자 큰 스승이셨던 독일 환경 생태 분야의 선구자 쿠르크 크레치만 할아버지와 에르나 크레치만Erna Kretschmann 할머니, 어린 시절부터(지금까지도) 나의 정신적 지주이자 비빌 언덕이 되어 주신 김성자 선생님, 마음으로 내가 가는 길을 지지해 주셨던 김려석 큰아버지, 눈 뜨고 코 베어 가는 서울 생활을 세심하게 보살펴 주신 강양중 아저씨. 더이상 곁엔 안 계시지만 제게는 당신들이 주셨던 그 격려와 사랑이 늘 함께합니다.

다큐멘터리 '세상의 모든 부엌'에서 저희 부부의 평범한 일상을 멋진 영상으로 승화시켜 주신 MBC 시사제작국의 이모현 피디님, 연락이 잘 되지 않는 저를 섭외하기 위해 갖은 노력을 하고, 저희 부부에게 다큐멘터리 출연 기회를 준 김솔미 작가님과 아름다운 영상을 담아 주신 김선기 카메라 감독님, 촬영 곳곳에서 도움을 준 예원이에게도 감사를 전합니다.

출간 제의부터 마무리까지 느린 저를 믿고 긴 시간 기다려 주신 도서출판 콤마의 문경선 편집장님, 햇수로 꼬박 삼 년 가까이 출간일을 미루며 지지부진하던 때에 혜성처럼 나타나 해결사를 자처해 주신 한귀숙 과장님, 모두 감사드립니다. 한동안 글쓰기에 의기소침해 있던 제게 원고 청탁해 주시고, 글 방향이 좋다는 달콤한(?) 말로 용기를 주신 월간지 『살림이야기』의 이선미 님과 기고한 글을 이 책에도 사용하도록 배려해 준 『살림이야기』의 편집부에도 감사합니다. '모든 시민은 기자다!'란 멋진 모토로 처음 글을 쓸 용기와 공간을 주고 세상에 제 글을 알려 주고 그동안 쓴 기사를 책에 사용하는 데 동의해 준 오마이뉴스와 편집부 모든 분들께 감사드립니다.

독일에 와 낯선 생활에 지치고 힘들어 할 때 내 삶을 글로 써 보라며 용기를 북돋아 주시고, 우리의 삶을 지지해 주신 자연농 농사꾼이자 작가(이제는 지구학교의 운영자인) 최성현 선생님과 바다 언니(갑작스런 연락에도 흔쾌히 자연농에 관한 부분을 감수해 주셔서 정말 감사했어요!), 일본 자연농의 대가이자 자연철학자이신 후쿠오카 선생님과 가와구치 선생님, 아카메 학교 회원분들과 우리가 일본을 방문했을 때 하나라도 더 보여 주고 알려 주고자 했던 니시타Nishita 씨, 토To 씨, 미마스Mimasu 씨과 후쿠오카 자연농 회원분들 늘 감사합니다. 다니엘의 실습 기간 동안 방대한 지식을 아낌없이 나눠 준 영국 플랜트포퓨처Plants for a future의 켄 펀Ken Fern, 우리의 방문을 흔쾌히 허락해 주셨던 태평농업의 이영문 선생님, 무주 이엠 농가의 정구환 선생님과 김금녀 선생님께 깊은 감사를 드립니다.

영양학적인 제 의문에 대한 답을 넘어 삶에 새로운 화두를 던져 주신 가슴공명 김수현 선생님, 첨가물에 관련하여 상세히 답변해 주신 후델식품건강교실의 안병수 선생님, 비오베간BioVegan과 알나투라Alnatura, 비오도Byodo 관계자분, 사진 촬영을 허락해 주신 할레 나투라타Naturata 유기농 가게 사장님 모두 감사합니다.

대학 때 글쓰기의 기본과 자세, 글 쓰는 사람이 가져야 할 마음가짐을 가르쳐 주시고 혹독한 훈련으로 미술학도가 글쟁이 길로 들어서는 데 큰 도움을 주신 인하대학 한국학과의 이인경 선생님!(교수님이 아닌 선생님이라 불러 달라 하셨지요.)

그 외에도 급작스레 채식을 시작한 친구를 위해 채식 식당을 부러 찾아가 주고, 나의 어린시절을 빛나게 해 주는 사랑하는 내 친구들 대경, 현안, 희동, 가영, 혜진, 성희, 보영, 용기, 민영, 진아! 대학 시절 작업 이야기와 마음을 나누었던 미술작가 영주 언니, 부족한 나를 소울 메이트로 칭해 주고, 한없이 따뜻한 사랑과 지지를 보내 주는 현주 아줌마, 한국에서 채식 생활을 하던 때 마음의 힘이 되어 주던 지구사랑 베가의 모과향기 권은숙 님, 노래하는 래퍼 박하재홍 님.

진실된 삶과 용기있는 행동으로 나를 일깨워 준 존경하는 작가이자 활동가 존 로빈스, 에베르스발데 시절 가족처럼 챙겨 주고 자연 멀칭에 관한 방대한 지식을 나눠 주신 루돌프와 에디트 벰Rudolf & Edith Behm, 바트 프라이언발데의 기벨라와 헤르베르트 침Giesela & Herbert Ziehm. 독일 생활 전반에 필요한 것들을 세세히 챙겨 주시고, 병조림과 베이킹의 실질과 기본을 알려 주신 우리 시

부모님Gertrud & Ewald Fischer, 딸처럼 아껴 주시는 시이모님과 이모부님Tante Hedwig & Onkel Manfred. 모든 분께 감사드립니다!(Herzlichen Dank an alle!)

또 뵈러 갈 때마다 뭘 차려야 할지 모르겠다 하시면서도 늘 손수 한 상 가득 사랑이 담긴 채식 밥상을 차려 주신 김영자 큰어머니, 외로운 서울 생활에 필요한 물건과 애정을 아낌없이 나눠 주셨던 김은자 아줌마와 호정 언니, 규영이. 한국에서의 사회생활 경험이 전무한 제게 출판사와 업무 시스템 등 현실적인 충고를 아끼지 않으신 이세정 형부와 박찬욱 형부, 모두 모두 감사드려요.

사랑하는 우리 엄마 아빠 박영희 여사, 김종만 약사님, 항상 든든한 울타리가 되어 주시고, 하고 싶은 일이라면 언제나 지지해 주시고, 믿어 주시고, 무슨 일이든 항상 제 뜻을 존중해 주신 두 분께 감사하다는 말로는 너무도 부족함을 느낍니다. 세상에 다시 없을 엄마, 아빠! 두 분께서 주신 사랑이 얼마나 크고 단단한 것이었는지 이렇게 떠나오고 나이를 먹고 나서야 비로소 깨닫게 됩니다. 그리고 사랑하는 우리 언니 김미정 씨! 욕심 많고 이기적인 동생을 항상 믿어 주고, 아껴 주고, 친구처럼 선배처럼 많은 것을 나눠 주는 당신이 있어서 내 삶은 늘 든든합니다. 당신들이 주신 사랑을 제가 어찌 다 돌려 드릴 수가 있을까요?

마지막으로 내 인생의 반려, 다니엘! 좌절하고 주저하던 순간순간마다 나를 일으켜 주고, 스스로 확신하지 못했던 내 안의 가능성들을 믿어 주고, 발전할 수 있게 변함없는 지지와 사랑과 보살핌을 아끼지 않는 스승이자 내 인생 최고의 친구, 다니엘 당신에게 큰 감사와 경애를 표합니다.

Mein lieber Lebensgefährte, Daniel! Du bist mein Lehrmeister sowie mein engster und bester Freund. Dir möchte ich meinen großen Dank, meinen Respekt und meine ganze Liebe zeigen, besonders für deine Unterstutzung & Liebe über all die Jahre!

『가와구치 요시카즈의 자연농 교실』 아라이 요시미, 가가미야마 에츠코 공저 · 가와구치 요시카즈 감수 · 최성현 역 · 정신세계사

『생명을 살리는 미래 영양학』 김수현 · 중앙생활사

『생존의 밥상』 김수현 · 넥서스BOOKS

『세계 음식명 백과』 박성연 저 · 마로니에 북스

『식품과학기술대사전』 한국식품과학회 저 · 광일문화사

『신비한 밭에 서서』 가와구치 요시카즈 저 · 최성현 역 · 들녘

『위험한 식탁』 한스 울리히 그림 저 · 이수영 역 · 율리시즈

『음식혁명: 육식과 채식에 관한 1000가지 이해와 오해』 존 로빈스 저 · 안의정 역 · 시공사

『짚 한오라기의 혁명』 후쿠오카 마사노부 저 · 최성현 역 · 녹색평론사

『헬렌 니어링의 소박한 밥상』 헬렌 니어링 저 · 공경희 역 · 디자인하우스

『Aktuelle Entwicklungen im Fairen Handel』Manuel Blendin et al · Fairer Handel e.V.

『Amaranth: Modern Prospects for an Ancient Crop』National Research Council · National Academy Press

『Entwicklung eines Leitfadens für den Permakulturgarten Eberswalde auf Grundlage wissenschaftlicher Untersuchungen: Eine Arbeit zur Dokumentation und Benennung von Handlungsempfehlungen für ein permakulturelles Studentenprojekt auf der Versuchsgartenfläche des Forstbotanischen Gartens, FH-Eberswalde』Daniel Fischer · Fachhochschule Eberswalde

『Forest Gardening: rediscovering nature & community in a post-industrial age』 Robert Hart · Green earth books

『Lexikon der Lebensmittel und der Lebensmittelchemie』Waldemar Ternes et al. · Behr's Verlag

『Lexikon Lebensmitteltechnik A-K』Hans-Albert Kurzhals · Behr's Verlag

『Mulch total- der Garten der Zukunft』Kurt Kretschmann & Rudolf Behm · Organischer Landbau Verlag

『Neglected crops: 1492 from a different perspective, Andean grains and legumes』 A. Mújica · FAO Plant Production and Protection
『Römpp Lexikon lebensmittelchemie』Gerhard Eisenbrand & Peter Schreier · Georg Thieme Verlag Stuttgart New York
『Traditional High Andean Cuisine』 Allin & Sumak Mikuy · FAO
『UGB-Forum 5/98, Heft-Nr.5』Verband für Unabhängige Gesundheitsberatung e.V. (UGB)
『Umweltwirkungen der Ernährung auf Basis nationaler Ernährungserhebungen und ausgewählter Umweltindikatoren』Toni Meyer · Martin Luther University Halle-Wittenberg
「Durchschnittlicher Fluoridgehalt in Trinkwasser ist in Deutschland niedrig」 Bundesinstitut für Risikobewertung
「Fragen und Antworten zu Nitrat und Nitrit in Lebensmitteln」BfR
「Stark überhöhte Gehalte an Schwefeldioxid in Wein」BfR
「Synergisms between compost and biochar for sustainable soil amelioration」 Daniel Fischer et al. · InTech
「우리밀운동본부 2013」
「두산백과사전」
「Authority nutrition. 2009」
「The Guardian, 2008.1.16」
「Die Tageszeitung(Taz), 2012.7.19」
「Encyclopædia Britannica」
「Oxford Living Dictionaries」
「Südwest Runtfunk(SWR). 2014」
@식품의약품안전처
@Dr. Watson Der Food Detektiv
@United States Department of Agriculture(USDA)

생태 부엌

초판 1쇄 발행 2017년 5월 20일
초판 2쇄 발행 2018년 2월 5일

글 · 사진 | 김미수

발행인 | 양근만, 방정오
편집인 | 문경선
디자인 | 장선희
마케팅 | 이종응, 김민정

발행 | (주)씨에스엠앤이
주소 | 서울시 중구 세종대로 21길 30
등록 | 2013년 11월 7일 제301-2013-205호
내용 문의 | 02-724-7855~7
구입 문의 | 02-724-7851
이메일 | cbooks@chosun.com
블로그 | blog.naver.com/comma_books
인스타그램 | @comma_and_books

ISBN 979-11-88253-00-5 03590

"소박한 삶, 생태적인 삶을 살려면
부엌에서 식사 준비를 하는 경험이 무엇보다 중요합니다."
_환경 운동가, 사티쉬 쿠마르